Hochleithner

Aale

AquaTech

Publications

Meinem
Freund und Partner

Marcelo José Duarte Silva

für die jahrelange Verbundenheit
gewidmet.

Martin Hochleithner

AALE
(Anguillidae)

Biologie und Aquakultur

AT ***Ratgeber***

Impressum

1. Auflage, 2010, 156 Seiten.
2. Auflage, 2019, 168 Seiten.

Titelbild: *Anguilla anguilla*
Foto: Martin Hochleithner

AquaTech Publications
Unterbrunnweg 3
6370 Kitzbühel, Austria

http://www.aqua-tech.eu
http://www.aquaculture-com.net
http://members.a1.net/aquatech

Printed in Germany by:
Books on Demand GmbH, Norderstedt
ISBN 978-3-902855-28-2

Inhalt

Danksagung

Natürlich wäre auch dieses Buch ohne die Hilfe einiger Wissenschaftler und Praktiker nicht so attraktiv geworden. Daher möchte ich allen, die meine bisherige Arbeit mit Aalen unterstützt und ermöglicht haben, sowie zur Erstellung des vorliegenden Buches durch Bilder und Publikationen beigetragen haben, recht herzlich danken.

Mein besonderer Dank gebührt:

Herrn
Mag. Nikolaus Schotzko
Innsbruck/Österreich

für die konstruktiven Anregungen und
für die kritische Durchsicht des Manuskripts.

Arten
sind nicht unabhängig von andern erschaffen,
sondern stammen nach der Weise der Varietäten
von andern Arten ab.

(Charles Darwin, 1867)

Vorwort

Seit der ersten Auflage ist nun fast ein Jahrzehnt vergangen und die Produktion von Aalen hat sich weiterentwickelt und ist gestiegen. Die Produktion an Süßwasseraalen (Anguillidae) in der Aquakultur stieg in den 2000er Jahren von 212.000 t im Jahre 2000 um fast 30 % auf 275.000 t im Jahre 2009, wobei das meiste auf Asien und den Japanischen Aal (*Anguilla japonica*) entfällt. Derzeit beschäftigen sich vor allem Wissenschaftler in Japan, aber zunehmend auch in Europa, mit der Vermehrung und Aufzucht von Aalen und es ist zu erwarten, dass sich die ersten Ergebnisse noch wesentlich verbessern lassen. Allerdings hat sich der Fang an Süßwasseraalen (Anguillidae) aus der Fischerei im gleichen Zeitraum von 17.200 t im Jahre 2000 um über 50 % auf 8.660 t im Jahre 2009 verringert, wobei das meiste auf Europa und den Europäischen Aal (*Anguilla anguilla*) entfällt. Seit der Aufnahme des Europäischen Aals (2009) in Anhang II des Washingtoner Artenschutzabkommens (CITES), hat sich der Fang an Glasaalen auf andere Aalarten (wie z. B.: *A. rostrata*, *A. bicolor* und *A. mossambica*), verlagert. Einige Länder (wie Philippinen und Indonesien) sind deshalb vor kurzem dazu übergegangen, den Export von juvenilen Aalen (<15 cm bzw. <150 g) „offiziell" zu verbieten, dennoch gibt es zahlreiche illegale Exporte.
Inzwischen haben sich auch die Kenntnisse über die Biologie einiger Arten erhöht. Weitere Erfahrungen im In- und Ausland, sowie zahlreiche Daten konnten gesammelt und einige Informationen hinzugefügt werden. In Palau (Mikronesien) wurde vor kurzem eine primitive Aalfamilie (Protoanguillidae) entdeckt und beschrieben, die schon seit etwa 200-250 Millionen Jahre existieren soll. Aus Nepal wurde eine neue Aalgattung (*Neoanguilla*) benannt, die jedoch formal nicht beschrieben wurde, und soweit die verfügbaren Daten erkennen lassen, wohl auch nicht zur Familie Anguillidae gehört. Von der Insel Luzon (Philippinen) wurde sogar eine neue Aalart (*Anguilla huangi* Teng, Lin & Tzeng, 2009) beschrieben, die sich allerdings – wie die Autoren selbst zugeben – morphologisch nicht von anderen Aalarten unterscheiden lässt, und deshalb als Synonym angesehen werden muss.
Hoffen wir, dass sich die Kenntnisse um die Biologie erweitern, die Techniken in der Aquakultur verfeinern und die natürlichen Bestände der Aale erhalten lassen.

Kitzbühel, im Frühjahr 2019

Martin Hochleithner

ALLGEMEIN

Einleitung

Aale sind katadrome Wanderfische, die in allen Ozeanen, ausgenommen dem Arktischen, sowie in fließenden und stehenden Gewässern, auf allen Kontinenten, ausgenommen der Antarktis, vorkommen. Sie stammen vermutlich von frühen heringsähnlichen Fischen (Clupeiformes) ab. Die besondere Lebensweise der Aale, welche erst im 20. Jahrhundert weitgehend erforscht und geklärt werden konnte, gab lange große Rätsel auf und zahlreiche Hypothesen rankten sich um diese eigenartigen Fische. Laichreife Individuen im Meer konnten bisher jedoch (außer vom Japanischen Aal) noch nicht gefangen werden. Über die tatsächlichen Laichgebiete und die Laichtiefen der einzelnen Aalarten ist man daher immer noch im Unklaren. Dies soll Gegenstand von weiteren Forschungsexpeditionen sein.

In manchen Gegenden oder Gewässern werden Aale schon seit Jahrtausenden gefangen. Am weitesten (bis ins 14. Jahrhundert) kann die Aalfischerei in den Lagunen der nördlichen Adria zurückverfolgt werden. So wurden in der Lagune von Comaccio Ende des 18. Jahrhunderts jährlich durchschnittlich bis zu 1.000 t gefangen. In der Binnenfischerei vieler Länder Europas stehen Aale, wenn auch nicht mengenmäßig, so doch wertmäßig, weit vorne und haben eine große wirtschaftliche Bedeutung. Alle Arten sind wichtige Fischereiobjekte und werden als Speisefische lebend, mariniert oder geräuchert angeboten.

In der Aquakultur werden Aale seit Jahrhunderten produziert, allerdings nur wenige Arten. Ihre Produktion begann in Europa vor allem in Italien extensiv und in Asien vor allem in Japan intensiv. Auch wenn die künstliche Vermehrung von Aalen seit Ende des 20. Jahrhunderts im Labormaßstab gelingt, hängt man für die Aquakultur jedoch auch heute noch immer von Glasaalfängen aus der Natur ab. Die Aufzucht von Aallarven bis zu Glasaalen ist bisher auch nur beim Japanischen Aal, und dies nur mit sehr hohen Verlustraten, bei wissenschaftlichen Experimenten im Labormaßstab gelungen. In Japan wird derzeit weiter intensiv an der Erforschung und Verbesserung der künstlichen Larvenaufzucht des Japanischen Aals gearbeitet.

Alle Aalpopulationen sind seit den 1970er Jahren zurückgegangen und teilweise stark gefährdet. So gilt der Europäische Aal als vom Aussterben bedroht und wurde im März 2009 in Anhang II des Washingtoner Artenschutzabkommens (CITES) aufgenommen. In den Mitgliedstaaten der Europäischen Union laufen derzeit Bewirtschaftungspläne und Schutzmaßnahmen zur Hebung des Aalbestandes.

Das Buch entstand aus der Idee, für die Aufzucht und Produktion von Aalen die wichtigsten Daten und Informationen zusammenzufassen, sowie eine Anleitung für alle Interessierte zu erstellen. Der Aquakulturteil behandelt vor allem den Europäischen, Japanischen und Amerikanischen Aal, kann aber auch auf die anderen Aalarten umgelegt werden. Falls nichts Spezielles angegeben, gelten die üblichen Richtwerte der Aquakultur. Für weitergehende Informationen wird auf die Literaturangaben im Anhang verwiesen.
Ich wünsche Ihnen eine schöne Zeit mit diesem Buch und viel Erfolg bei der Beschäftigung mit Aalen.

Kitzbühel und Frankfurt, im Sommer 2010

Martin Hochleithner

Körperbau

Bei allen Anguilliformes ist der lang gestreckte und schlangenartige Körper im Querschnitt vorne drehrund und hinten zusammen gedrückt. Die Anzahl der Wirbelknochen beträgt bei den Süßwasseraalen 100-120, bei anderen Familien (z.B.: Nemichthyidae) bis zu 750, und entspricht immer auch in etwa der Anzahl der Muskelsegmente. Der zugespitzte Kopf ist vom Körper nicht abgesetzt. Allen Anguilliformes ist eine besondere Schädelkonstruktion eigen, die sich von anderen Echten Knochenfischen (Teleostei) unterscheidet. So ist im Oberkiefer (Maxillare) ein stabiler Fusionsknochen entstanden, der sich aus den bezahnten Deckknochenelementen (Praemaxillare, Vomer und Mesethmoid) herleitet. Das Maxillare im Oberkiefer artikuliert beweglich mit der Ethmoidalregion. Das Hyomandibulare artikuliert mit der Ohrkapsel des Neurocraniums in einer sehr lang gestreckten Gelenkgrube im Pteroticum und ist ventral durch eine enge Naht mit dem Quadratum verbunden. Das normalerweise dieses Verbindung vermittelnde Element, das verknöcherte Symplecticum, fehlt bzw. ist knorpelig bei den Kehlschnittaalen (Synaphobranchidae). Die unteren Elemente des Zungenbeinbogens sind an der Innenseite des Hyomandibulare nur mittels eines Ligamentes aufgehängt und nicht wie bei den restlichen Strahlenflossern mit einem separaten Knochen, der Interhyale, welcher jedoch bei den Larven der Schlangenaale (Ophichthidae) noch knorpelig vorhanden ist. Das Supraoccipitale ist verknöchert bzw. fehlt bei den Schnepfenaalen (Nemichthyidae). Das Orbitosphenoid fehlt bzw. ist meist paarig bei den Süßwasseraalen (Anguillidae). Opisthoticum, Mesocoracoid, Supramaxillar- und Extrascapularknochen fehlen. Die Ceratohyalia beider Seiten sind rostral über ein unpaares Basihyale verbunden und bilden ein paariges, gerundetes Knochenelement, das 6-49 (bei den Süßwasseraalen etwa 10-14) lange Branchiostegalstrahlen trägt, die mit breiten Branchiostegalhäuten verbunden sind und die Kiemenkammer stützen.

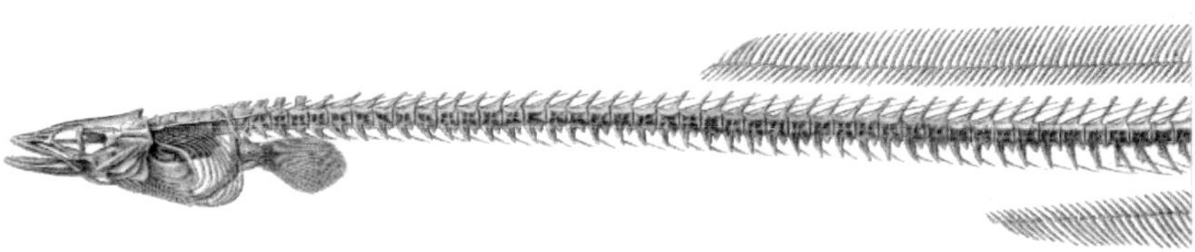

Knochenskelett des Europäischen Aals.

Die Verknöcherungen der Kiemendeckel sind, anders als bei der Mehrzahl der anderen Familien, bei den Süßwasseraalen (Anguillidae) sehr groß und vollständig ausgebildet. Die Kiemenöffnungen sind meist klein und schmal, und in Bezug auf die Kiemenregion nach hinten verlagert. Die fast vollständigen Kiemenbögen sind flexibel und tragen teilweise pharyngeale Zahnplatten. Kiemenreusendornen fehlen. Die Anzahl der Kiemenblätter nimmt vom ersten zum vierten Kiemenbogen konstant ab. Auf den Kiemenblättern sind die Kiemenlamellen zweireihig angeordnet, die Ionen- und Gasaustauschfläche beträgt fast 1 m^2/kg Körpergewicht.

Die Zunge ist vorhanden. Die gut entwickelten Kiefer sind bei den Süßwasseraalen mit fleischigen Lippen und mit Bändern von kurzen, konischen Bürstenzähnen besetzt, während andere Familien auch andere Zahnformen aufweisen. Die Bezahnung von Oberkiefer (Maxillare) und Pflugscharbein (Vomer) unterscheidet sich je nach Aalart. Die Unterkiefer stehen zumindest bei den Süßwasseraalen meist etwas über die Oberkiefer vor. Der Unterkiefer wird großteils vom Dentale eingenommen. In diesem eingeschlossen verläuft der mandibulare Seitenlinienkanal, der sich mit mehreren Poren nach außen öffnet. Die Seitenlinie selbst ist meist vorhanden, außer bei den Falschen Muränen (Chlopsidae), bei denen sie stark reduziert ist und den Schlammaalen (Heterenchelyidae), bei denen sie komplett fehlt. Für eine Altersbestimmung können die Gehörsteinchen (Otolithen) des Innenohrs (Lapillus, Astericus, Sagitta) herangezogen werden, wobei letzter und größter gebrannt, gebrochen, geschliffen und poliert wird, und dann unter einem Mikroskop bei 100-150facher Vergrößerung die Jahresringe als Kalkablagerungen abgelesen werden können. Am Kopf befinden sich zwei Paar weit auseinander liegende Nasenöffnungen. Die vorderen Einströmöffnungen in Form von häutigen Röhrchen befinden sich an der Oberlippe, die hinteren Ausström-öffnungen liegen als grubenförmige Hautspalten vor den Augen. In der Nasengrube liegen zahlreiche (50-150), hochsensible Riechfalten.

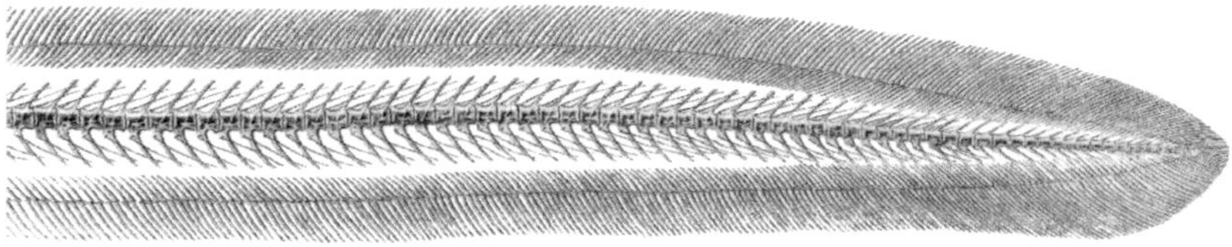

(Nach: Agassiz, 1843)

Maxillarzahnplatte schmal und geteilt

Maxillarzahnplatte breit und ungeteilt

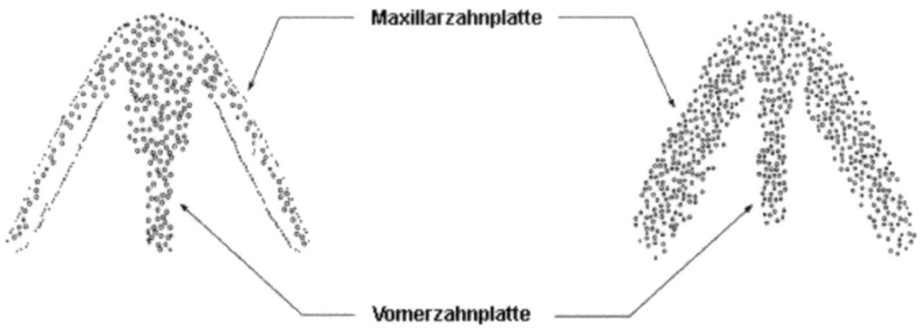

Bezahnung der Oberkiefer. (Nach: Silfvergrip, 2009)

Alle Flossen werden nur durch Weichstrahlen gestützt, Stachelstrahlen fehlen. Die paarigen Flossen werden von knöchernen gegliederten Flossenstrahlen gestützt, während die unpaaren Flossen von ungegliederten Flossenstrahlen gestützt werden. Die Flossenstrahlen korrespondieren funktionell und zahlenmäßig immer genau mit deren endoskelettalen Stützelementen (Pterygiophoren). Die lange Rückenflosse (Dorsalis) mit etwa 240-305 Flossenstrahlen geht mit der spitz zulaufenden Schwanzflosse (Caudalis) in die etwas kürzere Afterflosse (Analis) mit etwa 175-250 Flossenstrahlen über und bildet so einen Flossensaum. Der Abstand zwischen Anfang der Rücken- bis Anfang der Schwanzflosse kann kurz (etwa 0-6 % der Gesamtlänge), mäßig (etwa 6-12 % der Gesamtlänge), oder lang (etwa 12-20 % der Gesamtlänge) sein. Die symmetrische Schwanzflosse wird von wenigen (8-10) Flossenstrahlen gestützt oder fehlt einigen Schlangenaalen (Ophichthidae) komplett. Die Bauchflossen (Ventralis) und deren Skelett sind nur noch bei Fossilen Aalen (Anguillavidae) zu sehen. Die Brustflossen (Pectoralis) haben 15-20 Flossenstrahlen. Den Echten Muränen (Muraenidae) und den Schlammaalen (Heterenchelyidae) fehlen auch die Brustflossen. Den anderen Arten fehlt jedoch die Skelettverbindung zum Schädel (Posttemporale) bzw. ist reduziert. Das Cleithrum ist groß, das Supracleithrum klein und das Postcleithrum fehlt.

Die je nach Entwicklungsstadium und Körperregion unterschiedlich dicke Haut ist elastisch und mit einer starken Schleimschicht überzogen, die als Schutz gegen Keime dient. In die dicke Oberhaut (Epidermis) sind zahlreiche Sinnes-, Basal-, Wander-, Kolben- und Schleimzellen eingebettet. In der dicken Unterhaut (Corium) verlaufen, kreuzweise im Winkel von etwa 45 Grad angeordnet, Kollagenfasern von sehnenartiger Festigkeit. Die Schuppen fehlen vielen Familien und falls vorhanden, wie bei den Süßwasseraalen (Anguillidae), entwickeln sie sich meist erst nach einigen Jahren bei einer Körperlänge von 10-20 cm. Die Schuppenbildung beginnt im hinteren Körperbereich und breitet sich entlang der Seitenlinie aus. Die Schuppen sind sehr klein, länglich elliptisch, liegen nicht übereinander, sondern nebeneinander und sind je nach Körperregion meist unregelmäßig und parkettartig oft im Winkel von 45 Grad zur Seitenlinie in die oberen Schichten der Unterhaut eingebettet. Durch ein dichtes, unter der Haut liegendes Kapillarsystem erfolgt auch ein Gasaustausch. In der Luft kann bei einer Temperatur von 7-8 °C so der Sauerstoffbedarf zu 60 % über die Haut und 40 % über die Kiemen gedeckt werden.
Der schlanke, kegelförmig ausgebildete Y-förmige Magen mit Blindsack ist nach vorne zum Vorderdarm nicht scharf abgesetzt und geht nach hinten durch zwei Pylorusklappen in den kurzen Mitteldarm über. Pylorusanhänge fehlen. Die Schleimhaut von Vorderdarm und Magen bildet lange und gerade Falten, während sie im Mitteldarm ungleichmäßig und wellenförmig verläuft. Die Darmlänge beträgt bei Larven zwischen 60-80 % und ab dem Glasaalstadium etwa rund 40 % der Körperlänge. Bei Blankaalen geht die Darmlänge dann etwas weiter zurück, am Anfang des Vorderdarms und im Enddarm kommt es sogar zu Gewebsauflösungen, Darmmuskulatur und -zotten verringern sich. Der Darm hat lebenswichtige Funktionen und dient neben der Aufnahme von Nährstoffen auch der Aufnahme von Ionen (Wasser und Salze). Die dunkle Bauchspeicheldrüse (Pankreas) ist, im Gegensatz zu den meisten anderen Fischen, relativ kompakt und umgibt die Pfortader auf der Oberseite des Mitteldarms. Von einigen Ausläufern bis zur Gallenblase abgesehen, beginnt sie vorne etwa in der Höhe, wo der Mitteldarm den Magen verlässt, und reicht hinten fast bis an das Ende des Magenblindsacks. Die Leber ist, im Gegensatz zu den meisten anderen Fischen, einfach gelappt, nur am hinteren Rand befindet sich eine Einkerbung, sodass zwei Spitzen gebildet werden. Die paarigen Nieren ähneln morphologisch jenen anderen stenohaliner Süßwasserfische und sind maßgeblich an der Erhaltung der Ionenkonzentration der Körperflüssigkeiten beteiligt.

Die lang gestreckte, spindelförmige Schwimmblase kann 30-50 % der Leibeshöhle einnehmen. Sie weist zwei Gasdrüsen (Rote Körper) auf und ist meist an der vorderen, unteren Seite mit einem Schwimmblasengang (Ductus pneumaticus) mit dem Vorderdarm (Ösophagus) verbunden. Aale gehören somit zur Gruppe der Physostomi. Schwimmblase, Schwimmblasengang und Gasdrüsen sind von zahlreichen Kapillargefäßen durchzogen, wodurch der Gasaustausch mit dem Blut ermöglicht wird. Das Herz, das etwa 0,8-1,2 % des Körpergewichts ausmacht, entspricht weitgehend dem der anderen Echten Knochenfische, allerdings ist es mit mehreren Automatiezentren bzw. Schrittmachern ausgestattet. Der Herzschlag hängt von Aktivität und Wassertemperatur ab und beträgt bei 20 °C unter 30 und bei 30 °C über 90 Schläge in der Minute. Weiters besitzen Aale auch einen Klappenapparat (Caudalherz) in der Schwanzflosse, dessen Schlagfrequenz stets höher ist als die des Herzens. Aale haben etwa 1-3 % ihres Körpergewichts an Blut. Das im Blut der Aale vorkommende Ichthyotoxin (Fischgift) hat blutzersetzende (hämolytische) Wirkung. Die Augen sind, wie bei vielen Meeresfischen, beim Schlupf nur schwach entwickelt, und die volle Sehleistung bildet sich erst während der Larvalentwicklung. Die Iris ist, im Gegensatz zu anderen Fischen, außerdem in der Lage, durch Erweiterung und Verengung die Menge des einfallenden Lichtes zu regulieren. Das Gehirn ist, wie bei allen Wirbeltieren, die endokrine Schaltstelle, welche innere und äußere Reize, über Bahnen an den Hypothalamus und anschließend an die Hirnanhangdrüse (Hypophyse) weiterleitet. Die von da ausgeschütteten Hormone beeinflussen alle Körpervorgänge. Die Schilddrüse ist, im Vergleich mit anderen Wirbeltieren, ein wenig auffallendes Organ und besteht aus Follikeln, die etwas verstreut unterhalb der Urohyale liegen. Die Thymusdrüse liegt, angrenzend an die Kiemendeckel, dorsoventral der Kiemenhöhle. Die Keimdrüsen (Gonaden) sind als paarige Bänder, bei den Männchen (♂) die lappenförmigen Hoden und bei den Weibchen (♀) die krausenförmigen Eierstöcke, dorsal beiderseits neben Darm und Schwimmblase angeheftet. Die rechte Gonade beginnt dabei weiter vorne und die linke Gonade reicht hinten noch über die Genitalöffnung in eine Verlängerung der Leibeshöhle hinein. Der Anteil der Gonaden am Körpergewicht erreicht bis zu 30 % bei den Männchen und bis zu 60 % bei den Weibchen. Während bei den Hoden der Samenleiter (Vas deferens) bestehen bleibt, bildet sich der homologe Gang bei den Ovarien dann zurück. Geschlossene Eileiter (Ovidukte) fehlen daher und die Eier werden durch Abdominalporen ausgestoßen. Die diploide Chromosomenzahl der Süßwasseraale beträgt: 2n = 36-38.

Die Larven sind anfangs transparent und unpigmentiert, die Pigmentierung beginnt erst nach Abschluss der Metamorphose und mit der Ankunft an die Küsten. Die ersten Melanophoren erscheinen im Schwanzbereich, später im Kopfbereich und breiten sich überwiegend entlang des Rückens aus. Im Süßwasser sind die Gelbaale, je nach Lebensraum, im klaren Wasser heller als im trüben, meist gelbbraun bis grüngrau gefärbt, wobei sie ihre Färbung stets nur langsam anpassen. Süßwasseraale sind dann (>10-20 cm) je nach Art entweder marmoriert bzw. gefleckt (*A. bengalensis, A. celebesensis, A. marmorata, A. megastoma, A. reinhardtii*) oder ungefleckt bzw. einheitlich gefärbt (*A. anguilla, A. australis, A. bicolor, A. dieffenbachii, A. japonica, A. borneensis, A. mossambica, A. obscura, A. rostrata*), wobei der Rücken meist dunkler als der Bauch ist. Mit Erreichen der Geschlechtsreife und der Abwanderung werden die Blankaale dann am Rücken noch dunkler (grauschwarz) und am Bauch noch heller (silberweiß), was auf eine Zunahme der Melanine (dorsal) und Guanine (ventral) zurückzuführen ist, und bekommen einen metallischen (silber-, bronze- bis kupferfarbenen) Glanz, der sich von den Körperseiten ausgehend zum Bauch ausbreitet. Daneben können, wie bei vielen Fischarten, selten auch weiße bis gelb-orange Farbanomalien vorkommen.

Gelb- und Normalgefärbter Europäischer Aal. (Foto: J. Jensen)

Lebensweise

Aale kommen im Atlantischen, Indischen und Pazifischen Ozean, mit den benachbarten Randmeeren bis in eine Tiefe von 2.000 m, sowie in fließenden und stehenden Gewässern bis zu 2.000 m über dem Meeresspiegel, auf allen Kontinenten (ausgenommen der Antarktis), zwischen dem 75. Grad Nördlicher bis 50. Grad Südlicher Breite vor. Die meisten Arten kommen in der tropischen Zone vor, geographisch der Bereich der Erde, der zwischen dem nördlichen und südlichen Wendekreis (23° 27' Nördlicher und Südlicher Breite) liegt, ausgenommen *A. australis, A. dieffenbachii* und *A. reinhardtii* welche überwiegend subtropische Zonen besiedeln, sowie *A. anguilla, A. rostrata* und *A. japonica* die in der nördlichen gemäßigten Zonen leben. Die meisten Anguilliformes sind Meeresfische, nur wenige Gattungen (*Anguilla, Pisodonophis*) wandern zum Fressen auch ins Süßwasser. Süßwasseraale (Anguillidae) sind katadrome Wanderfische, die, wie alle Familien, im Meer laichen. Die meisten Arten laichen im Pazifischen Ozean, einige jedoch im Indischen Ozean (*A. bengalensis, A. bicolor, A. mossambica*) und nur wenige im Atlantischen Ozean (*A. anguilla, A. rostrata*). Die Eiabgabe erfolgt überwiegend in einer Tiefe von 100-300 m, bei einer Temperatur- und Salzfront, manchmal an unterseeischen Erhebungen und wird vermutlich vom Mondzyklus ausgelöst. Die etwa 1,0-1,5 mm großen Eier sind pelagisch. Nach 2-5 Tagen schlüpfen die etwa 3-4 mm langen Larven. Die marinen und transparenten Larven driften über mehrere Monate mit Meeresströmungen an die Küsten, wobei zumindest teilweise auch eine aktive Wanderung möglich ist. Dabei wachsen sie etwa 0,2-0,8 mm/Tag und entwickeln sich von Prälarven zu weidenblattförmigen Larven (Leptocephalus), wobei die Larven eine Metamorphose durchmachen, welche mit einer Länge von etwa 40-60 mm, meist über einer Wassertiefe von etwa 1.000 m und vor Erreichen des Kontinentalschelfs beginnt. Sie entwickeln sich weiter zu Semilarven, bei denen die Hochrückigkeit von den Enden zur Mitte langsam verloren geht und die Pigmentierung von hinten nach vorne beginnt, und verwandeln sich schließlich zu zylindrischen Brütlingen (Glasaale), die an den Flussmündungen ankommen. Während der 10-70 Tage dauernden Verwandlung (Metamorphose), die von Hormonen der Schilddrüse gesteuert wird, wird keine Nahrung aufgenommen; Körperlänge und -gewicht reduzieren sich erheblich. Mit fortschreitender Pigmentierung wandern sie dann bis zu 1.000 km (mit 5-15 cm/s) im Süßwasser (Steigaale), wo sich die juvenilen (Gelbaale) und adulten Fische bis zur Geschlechtsreife (Blankaale) aufhalten.

Die Einwanderung in die Flüsse, welche durch organische Geruchs- bzw. Geschmackstoffe des Süßwassers gefördert wird, erfolgt oft wenn die Temperaturunterschiede zwischen Meer- und Süßwasser am geringsten sind, überwiegend nahe des Ufers und der Wasseroberfläche in der Nacht, meist bei Springflut und Neumond. Ein Teil der Glasaale (bis zu einer Länge von 10 cm) schwimmt dabei relativ rasch flussaufwärts, wobei auch größere Hindernisse über feuchte, moos- oder algenbewachsene, Stellen überwunden werden können, während der andere Teil eher im Mündungsbereich bleibt, bis die Populationsdichte (über 3.000-6.000 Stück/ha) sie zum Ausweichen in andere Habitate veranlasst. Die Größe der Aale nimmt dabei mit der Entfernung vom Mündungsbereich zu, deren Anzahl normalerweise ab. Aber auch Steig- und Gelbaale können noch (bei Temperaturen über 12 °C), auch abhängig von Wassertiefe und -strömung, mit einer Geschwindigkeit von etwa 2-3 km/Tag (max. 30 cm/s), meist bei Hochwasser, bis zu 50-200 km/Jahr flussaufwärts schwimmen. Gelbaale bewohnen meist ein Gebiet mit einer Ausdehnung von etwa 10-50 km in Flüssen und 1-5 ha in Seen. Sie sind dann im Sommer relativ standorttreu, bevor sie sich im Herbst ins Winterlager zurückziehen, das oft in tieferen Mündungsgebieten liegt, wobei sie durch ihre mit dem Alter steigende Euryhalinität relativ unempfindlich gegen Veränderungen des Salzgehalts sind und selbst in der Wachstumsphase öfters zwischen Salz- und Süßwasser wechseln können. Bei sich verschlechternden Umweltbedingungen können sie sich bei Regen selbst über Land kriechend fortbewegen und so einen anderen Lebensraum aufsuchen. Aale sind hauptsächlich nachtaktiv, der Tag wird meist eingegraben im Schlamm, unter Steinen oder zwischen Pflanzen verbracht, wobei die negative Phototaxis mit dem Alter und der Größe der Fische zunimmt.

Glas-, Steig- und Gelbaale werden gelegentlich von anderen Fischen (Dorsche, Barsche, Forellen, Hechte), sowie Wasservögeln (Möwen, Kormorane) und Säugetieren (Ottern) gefressen. Blankaale werden auch von Fischen (Haie) und Säugetieren (Delphine, Wale) gefressen.

Alle Anguilliformes sind Raubfische die sich anfangs von Plankton und später von Würmern, Insekten, Krebs- und Weichtieren, sowie Fischen ernähren. Gelegentlich werden auch Pflanzen oder Steine mit aufgenommen. Die nahrungsbiologischen Gewohnheiten der Individuen drücken sich oft in der morphologischen Ausprägung der Kopfform aus. Kleintierfresser werden eher zu Spitzkopfaalen und Großtierfresser eher zu Breitkopfaalen. Spitzkopfaale sind dabei meist kleiner als Breitkopfaale. Mit der Umwandlung zum Blankaal verschwinden die Unterschiede der Kopfform wieder und beide sind dann spitzköpfig.

Glasaal bei der Einwanderung ins Süßwasser. (Foto: A. Hartl)

Blankaal vor der Abwanderung ins Meerwasser. (Foto: A. Hartl)

Nahrungsaufnahme bei nordeuropäischen Aalen
in Abhängigkeit von der Jahreszeit:
(Nach: Tesch et al., 1999)

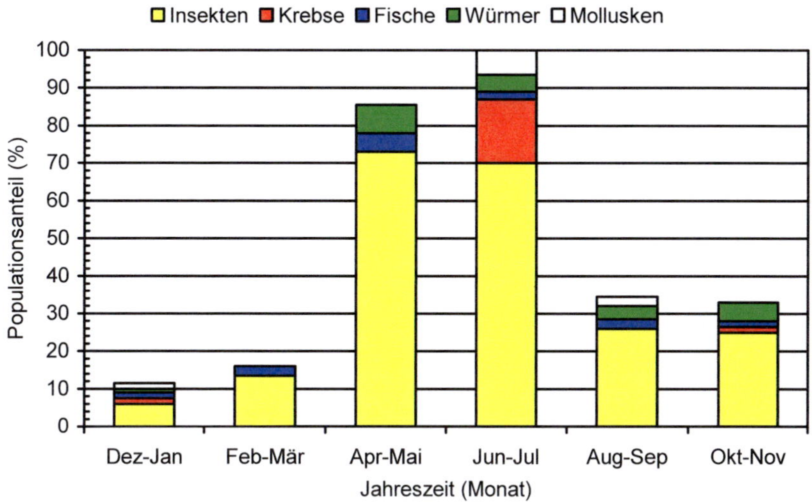

Nahrungsanteil bei südafrikanischen Aalen
in Abhängigkeit von der Körperlänge:
(Nach: Tesch et al., 1999)

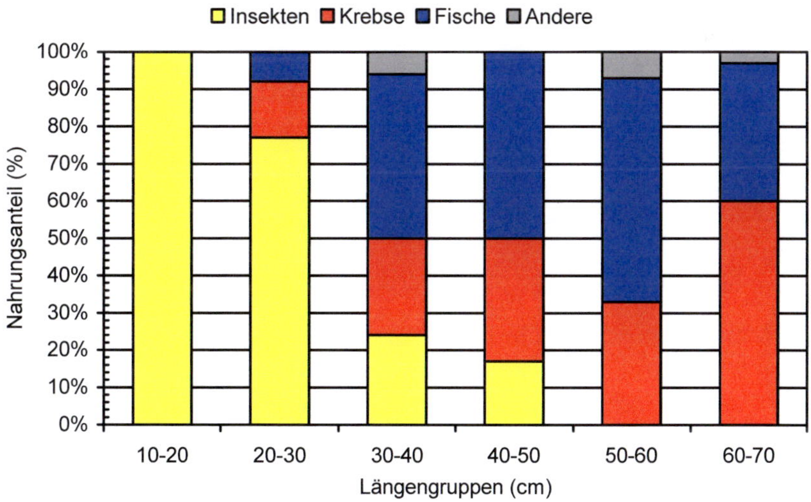

Verteilung der Kopfform
in Abhängigkeit von der Körperlänge:
(Nach: Anwand et Valentin, 1981)

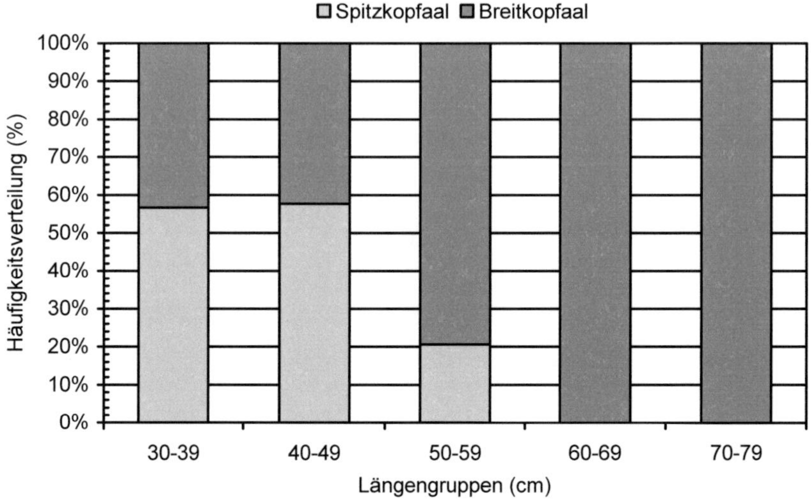

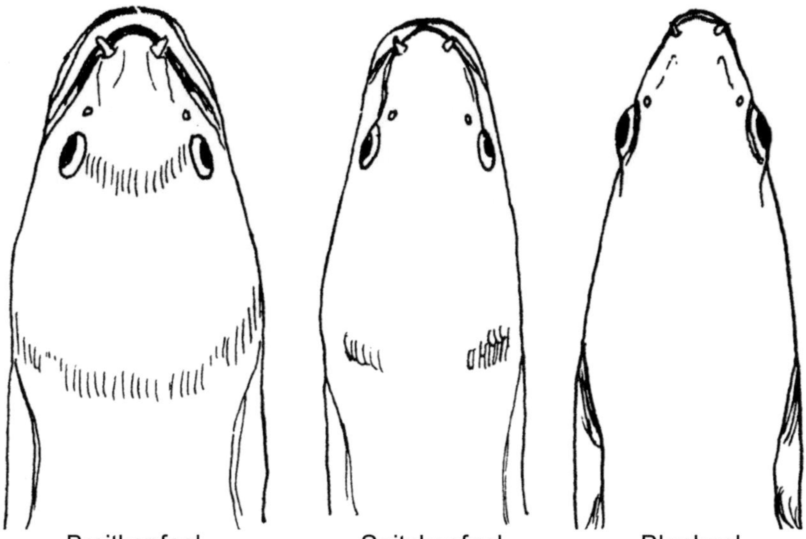

Formen des Kopfes. (Nach: Müller, 1975)

Das Wachstum ist wesentlich von Wassertemperatur, Nahrungsangebot, Bestandsdichte und Geschlecht abhängig. Weibliche Gelbaale wachsen in gemäßigten Zonen rund 1-10 cm und in tropischen Zonen rund 10-20 cm pro Jahr. Aber auch der Salzgehalt wirkt sich indirekt auf das Wachstum aus. So beträgt das jährliche Wachstum beim Amerikanischen Aal (*A. rostrata*) aus Kanada im Süßwasser etwa 4,5 cm, im Brackwasser rund 6,0 cm und im Meerwasser über 9,0 cm. Der Korpulenzfaktor (Gewicht [g] x 100 : Länge [cm] ^{3}) beträgt bei Aalen je nach Art und Reifezustand etwa 0,1 bis 0,3.

Bis zu einer Größe von etwa 20-40 cm ist das Geschlecht noch nicht fixiert. Der Männchenanteil steigt dabei mit der Wassertemperatur und vor allem mit der Bestandsdichte. In Binnengewässern ist daher meist der Weibchenanteil höher als im Mündungsbereich. Mit Beginn der Laichwanderung vergrößern sich die Augen und verlängern sich die Brustflossen. Die Haut wird jetzt dicker und die Seitenlinie tritt nun deutlich hervor. Auch der Anteil von Eingeweiden verringert sich und der Anteil der Gonaden erhöht sich. Auslösender Faktor für die Abwanderung ist neben Reifegrad, Geschlecht, Alter und Größe, unter anderen auch ein ausreichender Fettgehalt von mindestens 15-25 %. Die Abwanderung selbst erfolgt dann meist nach starken Regenfällen bei Hochwasser und sinkender Temperatur in dunklen Nächten, wobei auch Luftdruck und Bewölkungsgrad eine Rolle spielen. Die Männchen wandern manchmal etwas früher als die Weibchen. Die Wandergeschwindigkeit beträgt bis zu einer Körperlänge pro Sekunde. Im Meer schwimmen die Blankaale, abhängig von den Lichtverhältnissen, in einer Tiefe von 100-400 m in der Nacht (bei Vollmond etwa 50-100 m tiefer als bei Neumond) und in einer Tiefe von 400-800 m am Tag. Sie orientieren sich während der Laichwanderung im Meer vermutlich zuerst an hydrografischen Verhältnissen und schließlich an geomagnetischen Feldern. Aale aus tropischen Zonen wandern meist nur einige hundert Kilometer, währen solche aus gemäßigten Zonen meist mehrere tausend Kilometer zu den Laichplätzen wandern. Bei der Laichwanderung im Meer, bei der die Nahrungsaufnahme eingestellt wird, werden je Kilogramm Körpergewicht nur etwa 0,4-0,6 kJ/km verbraucht und rund 40-60 % der Fettreserven in Gonaden umgesetzt (ca. 1,7 g Eier/g Fett). Die Weibchen (Rogner) werden meist älter und wesentlich größer als die Männchen (Milchner). Aale können bis zu 1-2 m lang, 5-25 kg schwer und 10-50 Jahre alt werden. Alle Anguilliformes sind monozyklisch, das heißt, nach dem Laichen sterben die Laichtiere.

Alle großen Aalpopulationen sind seit den 1970er Jahren stark zurückgegangen und teilweise gefährdet.

Längenwachstum des Europäischen Aals
in natürlichen Gewässern:
(Nach: Bíro, 1992; Knösche, 2006; Müller, 1975)

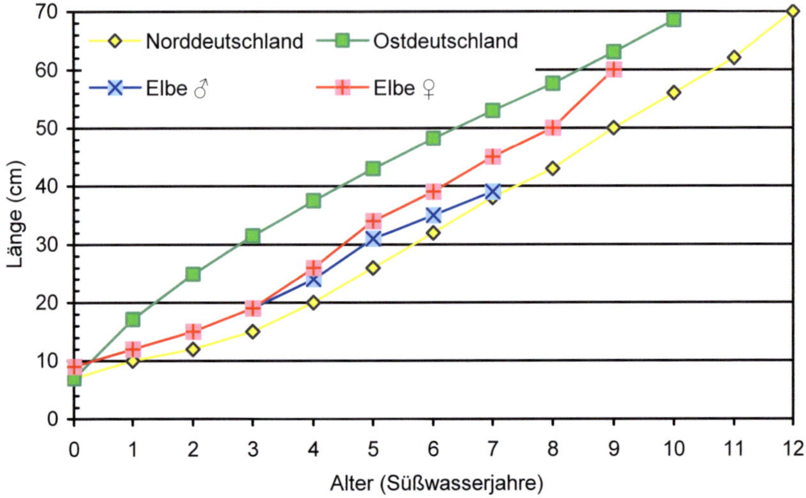

Gewichtswachstum des Europäischen Aals
in natürlichen Gewässern:
(Nach: Knösche, 2006; Striegl et Simon, 2007)

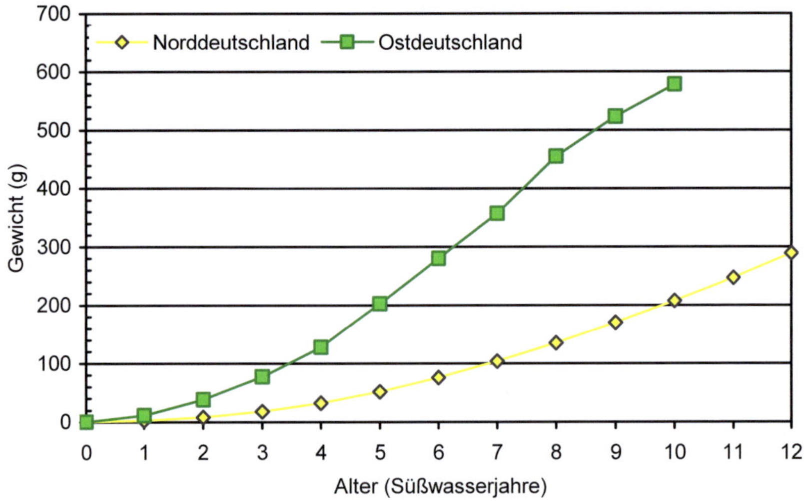

Wachstum der Weibchen
beim Europäischen Aal:
(Nach: Anwand et Valentin, 1981)

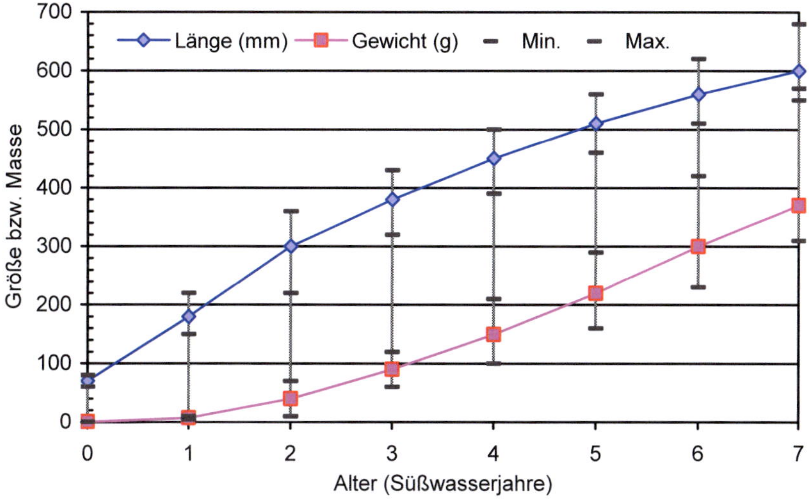

Längenwachstum einiger Aalarten
in natürlichen Gewässern:
(Nach: Tesch et al., 1999)

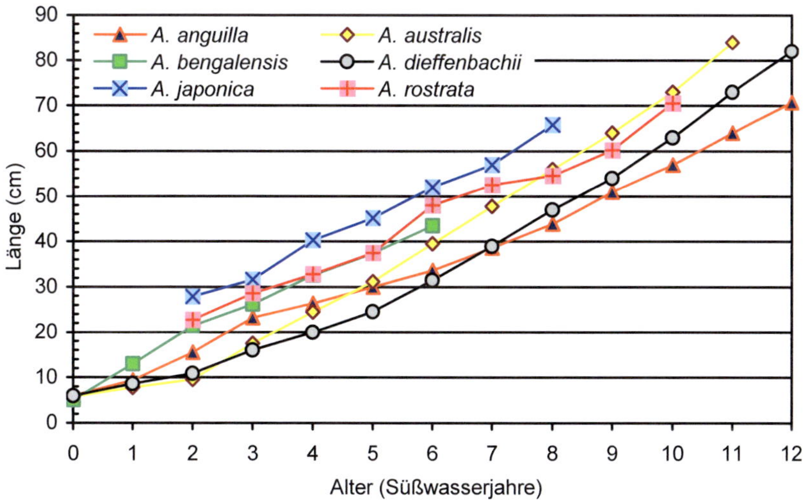

Mittleres Längenwachstum in Europa
in Abhängigkeit von der geografischen Breite:
(Nach: Knösche et al., 2004)

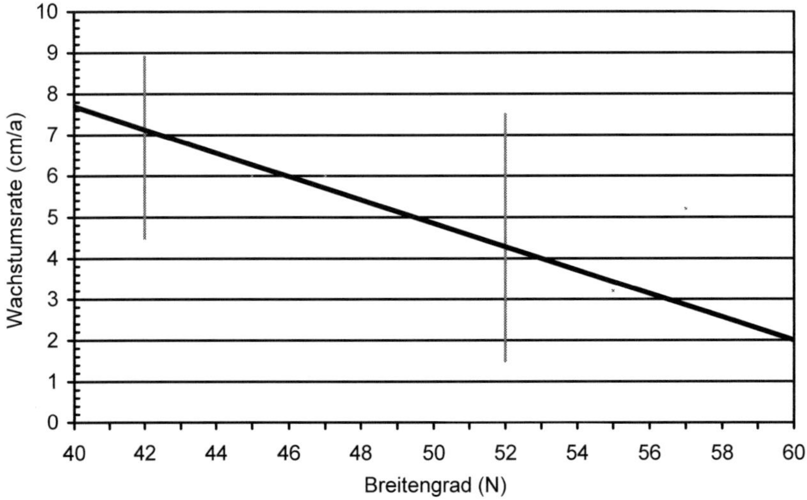

Absolute Fekundität des Europäischen Aals
in Abhängigkeit von der Körperlänge:
(Nach: MacNamara et al., 2016)

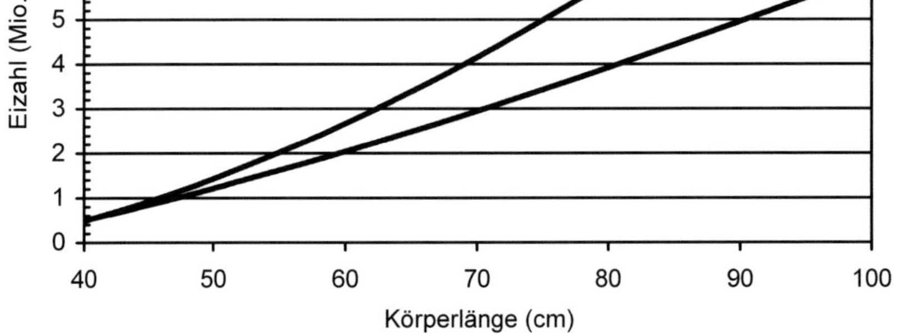

Hybriden

Hybriden sind Nachkommen von Eltern zweier verschiedener Arten. Sie kommen auch natürlich vor und spielen für die genetische Vielfalt eine wichtige Rolle. Künstlich kann man sie erzeugen, indem man die Geschlechtszellen verschiedenartiger Lebewesen kombiniert. Je näher die Elternarten miteinander verwandt sind, desto eher gelingt die Hybridisierung. Unterscheiden sich die Eltern beispielsweise nur in den Merkmalsausprägungen eines oder mehrerer Gene entsteht meist ein lebensfähiger, fruchtbarer Hybride. Hybriden von Tieren sehr unterschiedlicher Arten sind dagegen oft unfruchtbar. Die Hybridbildung spielte auch in der stammesgeschichtlichen Entwicklung bei der Entstehung neuer Arten eine Rolle. Normalerweise sorgen Isolationsmechanismen, wie verschiedene Laichzeiten oder unterschiedliche Laichverhalten, dafür, dass Kreuzungen zwischen verschiedenen Arten nicht vorkommen. Kommt es dennoch zu einer Kreuzung verschiedener Arten, so besteht die Möglichkeit, dass durch spontane Verdopplung des Chromosomensatzes (durch chemische oder physikalische Prozesse) ein fruchtbarer Hybride entsteht, der sich im Lauf der Evolution als neue Art durchsetzen kann.

Anders als bei anderen Fischen (z.B.: Cypriniden) treten bei Aalen natürliche Hybriden eher selten auf. Auf Island kommen jedoch gelegentlich (3-11 %) natürliche Hybriden zwischen dem Europäischen und Amerikanischen Aal (*Anguilla anguilla* x *Anguilla rostrata*) vor. Auch auf der Insel Gaua in Vanuatu (Melanesien) kommen etwa 15 % natürliche Hybriden zwischen dem Marmorierten und Polynesischen Langflossenaal (*Anguilla marmorata* x *Anguilla megastoma*) vor.

Künstlich erzeugte Hybriden sind ebenfalls sehr selten. In Neuseeland gelang es jedoch, Eier vom Neuseeländischen Langflossenaal (*Anguilla dieffenbachii)* erfolgreich mit Sperma vom Australasischen Kurzflossenaal (*Anguilla australis*) zu befruchten und so Hybriden zu erhalten. In den Niederlanden wurden Hybriden zwischen dem Australasischen Kurzflossenaal und dem Europäischen Aal (*Anguilla australis* x *Anguilla anguilla*) erzeugt. Auch in Japan wurden schon Hybriden zwischen dem Japanischen und Europäischen Aal (*Anguilla japonica* x *Anguilla anguilla*) erzeugt. Wohin die in großen Mengen nach Asien (vor allem nach China und Japan) als Glasaale eingeführten Aalarten nach einem eventuellen Entweichen aus Teichen zum Laichen wandern, ist nicht bekannt. Nicht ganz ausgeschlossen werden kann jedoch, dass es so in Zukunft auch zu einer Hybridisierung zwischen den eingeführten Aalarten und dem Japanischen Aal (*Anguilla japonica*) kommen könnte.

Evolution

In der geologischen Zeitrechnung sind Fische bereits in der Ära des Paläozoikum bekannt. In der Periode des Kambriums (vor 570-510 Millionen Jahren) gab es noch keine Fische. Im Ordovizium (vor 510-435 Millionen Jahren) entwickelten sich die ersten primitiven Fische mit knöchernen Panzerplatten. Im Silur (vor 435-405 Millionen Jahren) traten die ersten Fische mit Kiefern (Gnathostomata) auf, die möglicherweise bereits das Süßwasser besiedelten. Im Devon (vor 405-355 Millionen Jahren) hatten die Fische bereits Kiefer, Flossen und Schuppen. Im Karbon (vor 355-290 Millionen Jahren) waren bereits Knochen- und Knorpelfische weit verbreitet. Im Perm (vor 290-250 Millionen Jahren) trat ein massenhaftes Aussterben von Tierarten auf, das schätzungsweise 75-90 % aller Tierarten erfasste.
In der Ära des Mesozoikum mit Trias (vor 250-205 Millionen Jahren), Jura (vor 205-140 Millionen Jahren) und Kreide (vor 140-65 Millionen Jahren), dominierten unter den Fischen auch noch heute lebende Arten der Unterklasse der Strahlenflosser. Darüber hinaus gab es Quastenflosser und Lungenfische.
In der Ära des Känozoikum mit Paläozän (vor 65-53 Millionen Jahren), Eozän (vor 53-37 Millionen Jahren), Oligozän (vor 37-23 Millionen Jahren) und Miozän (vor 23-5 Millionen Jahren), gab es bereits weitgehend die verschiedenen heute noch bekannten Aalarten.
Aalfische (Anguilliformes) kommen etwa seit der Trias vor und stammen vermutlich von frühen heringsähnlichen Fischen (Clupeiformes) ab. Fossile Aale (Anguillavidae) sind aus der Kreide des Libanon bekannt. Auch alle anderen Aalfamilien existieren mindestens seit dem Paläozän. Süßwasseraale (Anguillidae) entwickelten sich vermutlich im westlichen Pazifischen Ozean nahe dem heutigen Indonesien. Sie scheinen am nächsten mit den Sägezahnaalen (Serrivomeridae) verwand zu sein. Ihre Vorfahren waren jedenfalls tropische marine Aale, die ihr ganzes Leben im Meer verbrachten. Die Differenzierung und Verbreitung der verschiedenen Aalarten begann dann vermutlich vor über 40-60 Millionen Jahren, noch vor der Gebirgsbildung, teils über das ehemalige Urmeer „Tethys“, das sehr warm und salzhaltig war und die beiden damaligen Landmassen Laurasia (mit Nordamerika, Europa und Asien) im Norden und Gondwana (mit Südamerika, Afrika und Indien) im Süden trennte. Durch das weitere Driften der Kontinente begann sich dann vor etwa 5-10 Millionen Jahren auch die atlantische Stammform in zwei Aalarten (*Anguilla anguilla* und *Anguilla rostrata*) zu trennen.

Fossiler Aal der ausgestorbenen Familie Anguillavidae. (Foto: P. Massicard)

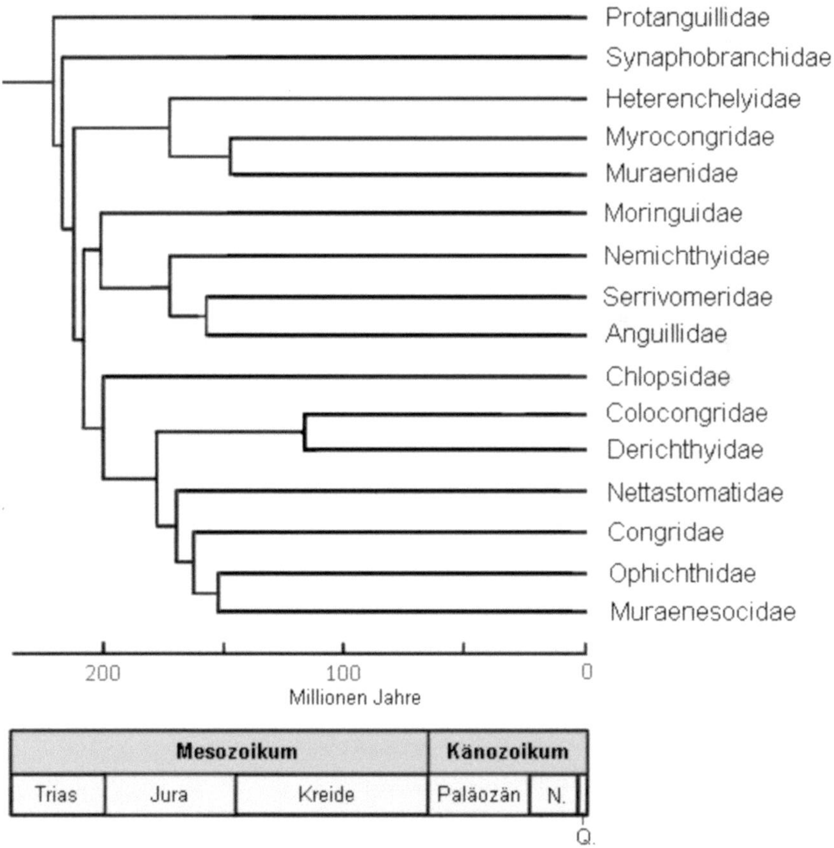

Vereinfachter Stammbaum der Anguilliformes. (Nach: Johnson et al., 2012)

Systematik

Aale gehören zur Klasse der Knochenfische (*Osteichthyes*) und der Unterklasse Strahlenflosser (*Actinopterygii*), mit der Subdivision Echte Knochenfische (*Teleostei*).
Die Superordnung *Elopomorpha* umfasst folgenden 5 Ordnungen: *Elopiformes* (mit *Elopidae* und *Megalopidae*), *Albuliformes* (mit *Albulidae*), *Notacanthiformes* (mit *Halosauridae* und *Notacanthidae*), *Saccopharyngiformes** (mit *Cyematidae*, *Eurypharyngidae*, *Monognathidae* und *Saccopharyngidae*), sowie *Anguilliformes*.
Die Ordnung der *Anguilliformes* Rafinesque, 1810 (Aalfische) mit etwa 700-800 Arten in rund 140 Gattungen, wird in folgende Unterordnungen und Familien eingeteilt:*

0. †*Anguillavoidei* mit
   0. †*Anguillavidae* Hay, 1903 (Fossile Aale).

I. *Anguilloidei* mit
   1.) *Anguillidae* Rafinesque, 1810 (Süßwasseraale),
   2.) *Nemichthyidae* Kaup, 1859 (Schnepfenaale),
   3.) *Serrivomeridae* Roule et Bertin, 1929 (Sägezahnaale).

II. Chlopsoidei mit
   4.) *Chlopsidae* Rafinesque, 1810 (Falsche Muränen).

III. *Congroidei* mit
   5.) *Colocongridae* Blache et Bauchot, 1976 (Kurzflossenaale),
   6.) *Congridae* Kaup, 1856 (Meerwasseraale),
   7.) *Derichthyidae* Gill, 1884 (Langhalsaale),
   8.) *Muraenesocidae* Bleeker, 1864 (Hechtconger),
   9.) *Nettastomatidae* Bleeker, 1864 (Entenschnabelaale),
   10.) *Ophichthidae* Günther, 1870 (Schlangenaale).

IV. *Moringuoidei* mit
   11.) *Moringuidae* Gill, 1885 (Spaghettiaale).

V. *Muraenoidei* mit
   12.) *Heterenchelyidae* Regan, 1912 (Schlammaale),
   13.) *Myrocongridae* Gill, 1890 (Rotaale),
   14.) *Muraenidae* Rafinesque, 1810 (Echte Muränen).

VI. *Protanguilloidei* mit

15.) *Protoanguillidae* Johnson, Ida et Miya, 2012 (Höhlenaale).

VII. *Synaphobranchoidei* mit

16.) *Synaphobranchidae* Johnson, 1862 (Kehlschnittaale).

Die Familie der *Anguillidae* Rafinesque, 1810 (Süßwasseraale) mit nur einer Gattung (*Anguilla* Schrank, 1798) zählt etwa 14 Arten.

* Die Familien Cyematidae (Stummelschwanzaale), Eurypharyngidae (Pelikanaale), Monognathidae (Einkieferaale) und Saccopharyngidae (Sackmäuler) der Ordnung Saccopharyngiformes werden von einigen Autoren manchmal auch als Unterordnung Saccopharyngoidei zu den Anguilliformes gestellt.

Bestimmungsschlüssel*
für die Gattung
Anguilla

1 Körper marmoriert oder gefleckt: 2

Körper nicht marmoriert oder gefleckt: 6

2 Bezahnung der Kiefer (Maxillare, Mandibulare und Vomer)
in schmalen und geteilten Bändern: 3

Bezahnung der Kiefer (Maxillare, Mandibulare und Vomer)
in breiten und ungeteilten Bändern: 4

3 Rückenflosse lang,
deren Anfang näher zur Basis der Brustflossen als zum After,
Zahnreihen der Maxillarplatte gleichmäßig: ...... ***Anguilla marmorata***

Rückenflosse kurz,
deren Anfang näher zum After als zur Basis der Brustflossen,
Zahnreihen der Maxillarplatte ungleichmäßig: ... ***Anguilla reinhardtii***

4 Breite zu Länge der Maxillarzahnplatte über 13 %,
Vomerzahnplatte breiter als Maxillarzahnplatte,
meist 107 oder mehr Wirbelknochen: .... ***Anguilla bengalensis***

Breite zu Länge der Maxillarzahnplatte unter 13 %,
Vomerzahnplatte schmäler als Maxillarzahnplatte: 5

5 107 oder mehr Wirbelknochen: .... ***Anguilla megastoma***

107 oder weniger Wirbelknochen: .... ***Anguilla celebesensis***

6 Rückenflosse lang,
deren Anfang näher zur Basis der Brustflossen als zum After,
108 oder weniger Wirbelknochen: .... ***Anguilla mossambica***

Rückenflosse kurz,
deren Anfang näher zum After als zur Basis der Brustflossen: 7

7 Distanz zwischen Anfang der Brust- und Rückenflosse über 20-24 % u. Distanz zwischen Anfang der Rücken- und Afterflosse unter 6 % der Gesamtlänge: 8

Distanz zwischen Anfang der Brust- und Rückenflosse unter 20-24 % u. Distanz zwischen Anfang der Rücken- und Afterflosse über 6 % der Gesamtlänge: 10

8 Vomerzahnplatte verengt sich vor deren Mitte: .... ***Anguilla bicolor***

Vomerzahnplatte verengt sich nach deren Mitte: 9

9 108 oder mehr Wirbelknochen,
davon 44 oder mehr (prähämale) Kaudalwirbel: .. ***Anguilla australis***

108 oder weniger Wirbelknochen,
davon 43 oder weniger (prähämale) Kaudalwirbel: ***Anguilla obscura***

10 Distanz zwischen Anfang der Rücken- und Afterflosse meist unter 18 % der Postanallänge,
Kommt im Einzugsgebiet des Pazifischen Ozeans vor: 11

Distanz zwischen Anfang der Rücken- und Afterflosse meist über 18 % der Postanallänge,
Kommt im Einzugsgebiet des Atlantischen Ozeans vor: 13

11 Breite zu Länge der Maxillarzahnplatte über 13 %,
109 oder mehr Wirbelknochen: .... ***Anguilla dieffenbachii***

Breite zu Länge der Maxillarzahnplatte unter 13 %: 12

12 Unterkiefer-Maulspalte über 30 % der Kopflänge,
110 oder weniger Wirbelknochen: .... ***Anguilla borneensis***

Unterkiefer-Maulspalte unter 30 % der Kopflänge,
110 oder mehr Wirbelknochen: .... ***Anguilla japonica***

13 110 oder weniger Wirbelknochen und Muskelsegmente (Myomere),
Prädorsallänge über 32 % der Gesamtlänge,
Länge der Vomerzahnplatte meist unter 75 %
der Länge der Maxillarzahnplatte: .... ***Anguilla rostrata***

110 oder mehr Wirbelknochen und Muskelsegmente (Myomere),
Prädorsallänge unter 32 % der Gesamtlänge,
Länge der Vomerzahnplatte meist über 75 %
der Länge der Maxillarzahnplatte: .... ***Anguilla anguilla***

* Erstellt und überarbeitet unter anderem nach: Carpenter et Niem, 1999; Silfvergrip, 2009; Tesch et al., 1999; Watanabe et al., 2004-2009;

Überblick

Morphomeristische Merkmale

ART	M L	K-D	D-A	W I
Anguilla anguilla	18-32	15-24	10-13	109-119
Anguilla australis	20-30	22-33	0-6	108-116
Anguilla bengalensis	25-40	10-20	7-15	106-115
Anguilla bicolor	21-33	22-32	0-3	103-115
Anguilla borneensis	31-36	14-19	10-14	103-108
Anguilla celebesensis	24-46	12-22	8-15	100-107
Anguilla dieffenbachii	25-35	14-22	9-12	109-116
Anguilla japonica	20-30	14-22	6-13	112-119
Anguilla marmorata	25-37	8-15	12-20	100-110
Anguilla megastoma	26-45	12-18	7-14	107-116
Anguilla mossambica	25-40	9-19	9-18	100-106
Anguilla obscura	21-38	20-30	1-6	101-108
Anguilla reinhardtii	20-30	15-22	7-13	104-110
Anguilla rostrata	22-30	18-24	8-10	100-111

Abkürzungen:
ML = Länge der Unterkiefer-Maulspalte in % der Kopflänge, K-D = Distanz zwischen Kiemenspalte (Kopfende) und Anfang der Rückenflosse in % der Gesamtlänge, D-A = Distanz zwischen Anfang der Rückenflosse und Afteröffnung in % der Gesamtlänge, WI = Wirbelknochen;

ARTEN

Anguilla anguilla Linnaeus, 1758. **Europäischer Aal**

Anguilla anguilla. (Foto: M. Hochleithner)

Beschreibung:

Rückenflosse kurz, deren Anfang näher zum After als zur Basis der Brustflossen. Distanz zwischen Kiemenspalte und Rückenflosse 15-24 % und zwischen Rückenflosse und After 10-13 % der Gesamtlänge.
Maul klein, Unterkiefer 18-32 % der Kopflänge. Bezahnung der Kiefer (Maxillare und Vomer) in breiten, ungeteilten Bändern. 109-119 Wirbel. Die Oberseite ist einheitlich grünbraun bis blaugrau und die Unterseite gelb bis weiß gefärbt. Die Jungfische sind meist gelbgrau gefärbt.

Verbreitung:

Dieser Aal kommt im Atlantischen Ozean mit Nord- und Ostsee, sowie Mittelmeer, seltener im Weißen- und Schwarzen Meer, von Island und Skandinavien über die Britischen Inseln und die Iberische, Apennin- und Balkan-Halbinsel bis Marokko und Ägypten vor (75-8° Nördlicher Breite). Von Dwina, Newa, Weichsel und Elbe, sowie Rhein, Seine, Loire und Duero bis Ebro, Po und Drin sowie Drâa und Nil. In Donau (ab 1879), Bug, Dnjepr und Don wurde er seit dem 19. Jahrhundert eingesetzt. In China und Japan wurde er (ab 1969) eingeführt.

Lebensweise:
Die Geschlechtsreife wird, im Süden und Westen früher als im Norden und Osten, meist mit einem Alter von 5-15 Jahren erreicht. Im Durchschnitt sind die Männchen 30-45 cm und die Weibchen 60-90 cm lang. Die Abwanderung der Blankaale ins Meer, welche sich auch über zwei Jahre erstrecken kann, erfolgt aus den Binnengewässern früher als aus den Küstengewässern von April bis Dezember, überwiegend in der Nacht bei Hochwasser meist in den mittleren Wasserschichten. Dabei werden pro Nacht etwa 10-50 km zurückgelegt. Der Eidurchmesser in den Gonaden beträgt durchschnittlich etwa im September 0,10 mm, im Oktober 0,15 mm und im November 0,20 mm. Die Laichwanderung im Meer (ca. 5.000-7.000 km) erfolgt in einer Tiefe von ca. 150-450 m in der Nacht und ca. 450-750 m am Tag, mit einer Geschwindigkeit von etwa 0,1-0,3 m/s. Sie dauert etwa 6-18 Monate, wobei die Nahrungsaufnahme eingestellt wird und etwa 30-40 % der Fettreserven aufgebraucht werden.
Das Laichgebiet befindet sich in der Sargassosee nördlich der Antillen und südlich der Bermuda Inseln, im westlichen Atlantischen Ozean zwischen 23-28° Nördlicher Breite und 50-65° Westlicher Länge.
Die Laichzeit erstreckt sich von März bis Juni. Die Eizahl beträgt durchschnittlich etwa 5-10 Mio. Eier je Weibchen. Die Eiabgabe erfolgt in einer Tiefe von 200-300 m bei einer Wassertemperatur von 18-20 °C.
Die Larven driften während 1-3 Jahren mit dem Golfstrom an die europäischen und afrikanischen Atlantikküsten, wobei sie sich anfangs und in der Nacht in einer Tiefe von 50-100 m und später und am Tag in einer Tiefe von 150-450 m aufhalten. Die Larven schlüpfen mit 3-5 mm und sind im ersten Jahr 10-40 mm (25 mm) im zweiten Jahr 40-70 mm (50 mm) und im dritten Jahr 55-90 mm (70 mm) lang. Die Metamorphose zum Glasaal beginnt im Alter von 175-275 Tagen. Bei der Ankunft an den Küsten und der Einwanderung in die Flüsse, die im Süden und Westen früher als im Norden und Osten, von Oktober-Juli erfolgt, sind die Glasaale 60-90 mm (75 mm) lang und 0,2-0,4 g schwer.
Die massenweise Wanderung flussaufwärts, die oft in Ufernähe in Form eines Bandes (von bis zu mehreren Kilometer Länge und wenigen Meter Breite) über mehrere Wochen erfolgt, wird auch ab einer Dichte von etwa 3.000-8.000 Jungaalen je Hektar ausgelöst. Je weiter die Flussmündungen vom Abfall des Festlandsockels entfernt sind, desto spärlicher werden allerdings die Schwärme der Steigaale. Der Aufstieg in die Flüsse, der oft über Jahre weit flussaufwärts, erfolgt überwiegend in der Nacht, wobei auch Hindernisse wie der Rheinfall überwunden werden können. Ab einer Länge von etwa 30 cm sind die Aale relativ

sesshaft. Der Tag und Winter wird relativ inaktiv, oft im Schlamm eingegraben, verbracht.
Die Nahrung besteht hauptsächlich aus Würmern (*Lumbricus, Nereis, Tubifex*), Insekten (*Chironomus, Ephemeroptera, Sialis, Trichoptera*), Krebsen (*Astacus, Asellus, Carcinus, Corophium, Crangon, Gammarus, Jassa, Limnomysis, Macoma, Mysis, Orchestia, Oronectes*), Mollusken (*Anodonta, Dreissena, Hydrobia, Lithoglyphus, Littorina, Modiolus, Mya, Mytilus, Nassa, Radix, Rissoa*) und Fischen (*Abramis, Alburnus, Aphya, Coregonus, Gobio, Gasterosteus, Gymnocephalus, Labrus, Osmerus, Perca, Pholis, Rutilus, Salmo, Zoarces*), sowie Fischlaich und Fröschen.
Das Wachstum ist im Brackwasser meist schneller als im Süßwasser.
Die Weibchen werden wesentlich größer als die Männchen und nach dem Laichen sterben alle Tiere.
Der Europäische Aal kann bis zu 1,5 m lang, 8,2 kg schwer und 55 Jahre alt werden.

Bedeutung:
Der Europäische Aal ist in Europa und Afrika von großer wirtschaftlicher Bedeutung. Der Fang erfolgt hauptsächlich mit verschiedenen Reusen, sowie gelegentlich mit beköderten Langleinen.
Der Gesamtfang aus der Fischerei betrug jährlich durchschnittlich in den 1950er Jahren 13.815 t (29,17 % Dänemark, 21,21 % Niederlande, 15,25 % Schweden, 9,44 % Italien, 6,23 % Polen, 4,20 % Frankreich, 3,04 % Deutschland, 2,97 % Großbritannien, 2,82 % Spanien, 2,53 % Norwegen und 2,39 % Russland), 1960er Jahren 17.993 t (21,23 % Dänemark, 14,17 % Niederlande, 13,73 % Italien, 10,63 % Schweden, 9,06 % Frankreich, 7,67 % Deutschland, 6,61 % Spanien, 4,00 % Großbritannien, 2,67 % Norwegen, 2,06 % Russland und 1,67 % Marokko), 1970er Jahren 16.670 t (17,49 % Dänemark, 16,99 % Frankreich, 16,78 % Italien, 7,88 % Deutschland, 7,23 % Schweden, 6,65 % Niederlande, 5,43 % Polen, 5,23 % Spanien, 5,03 % Russland, 4,76 % Großbritannien, 2,34 % Türkei und 2,31 % Norwegen), 1980er Jahren 12.920 t (15,87 % Italien, 15,21 % Frankreich, 14,70 % Dänemark, 8,50 % Polen, 8,24 % Schweden, 7,37 % Großbritannien, 6,93 % Deutschland, 5,76 % Frankreich, 3,95 % Türkei, 2,87 % Russland, 2,71 % Norwegen, 2,04 % Tunesien und 1,78 % Spanien), 1990er Jahren 9.235 t (11,49 % Dänemark, 11,23 % Italien, 11,09 % Schweden, 9,75 % Frankreich, 8,90 % Großbritannien, 8,66 % Polen, 8,79 % Deutschland, 6,78 % Ägypten, 4,32 % Norwegen, 3,29 % Niederlande, 3,41 % Irland, 3,18 % Ungarn, 3,09 % Türkei und 2,64 % Tunesien), und in den 2000er Jahren 7.033 t.

Die Gesamtproduktion aus der Aquakultur betrug jährlich durchschnittlich in den 1950er Jahren 263 t (89,75 % Italien und 10,25 % Jugoslawien), 1960er Jahren 739 t (90,52 % Italien und 9,48 % Jugoslawien), 1970er Jahren 1.770 t (96,30 % Italien und 3,03 % Jugoslawien), 1980er Jahren 4.048 t (79,06 % Italien, 5,90 % Frankreich, 5,13 % Dänemark, 4,67 % Portugal und 4,30 % Niederlande), 1990er Jahren 8.105 t (39,78 % Italien, 20,91 % Niederlande, 16,69 % Dänemark, 5,71 % Frankreich, 4,87 % Griechenland, 3,34 % Portugal, 2,68 % Spanien und 2,11 % Schweden), und in den 2000er Jahren 8.673 t (45,85 % Niederlande, 19,96 % Dänemark, 15,83 % Italien, 5,65 % Griechenland, 4,92 % Spanien, 3,56 Deutschland, 2,11 Schweden und 2,12 % Andere).
Glasaale werden, im Süden früher als im Norden, meist von November bis Juni mit 0,5-1,5 m großen kescher- oder hamenartigen Handnetzen (Maschenweite 1,0-1,3 mm) im Gezeitenstrom gefangen, in Frankreich auch mit Schleppnetzen. Die jährlichen Fänge an Glasaalen betrugen in Europa etwa Mitte der 1910er und 1970er Jahren über 900 t, Mitte der 1930er, 1950er und 1990er Jahren bis 500 t, und in den 2000er Jahren nur rund 100 t. Ein Großteil der Glasaale wird allerdings seit den 1970er Jahren nach Asien (China und Japan) verkauft und dort aufgezogen, wobei die Produktion an Europäischen Aalen aus der Aquakultur in Asien von den 1980er bis 2000er Jahren von rund 3.000 auf 10.000 t/Jahr angestiegen sein soll. So wurden Anfang bis Mitte der 1970er Jahre jährlich 35-300 t Glasaale von Frankreich, Großbritannien und Italien nach Japan und Anfang der 2000er Jahre jährlich rund 75 t von Frankreich, Spanien und Großbritannien nach China (und Hongkong) exportiert. In einigen Ländern (Portugal, Spanien, Frankreich, Großbritannien) wurden Glasaale früher als Viehfutter und Dünger oder zur Herstellung von Fischleim verwendet, heute werden Glasaale in diesen Ländern auch als Delikatesse gegessen. In vielen europäischen Flüssen und Ländern sind die Glasaalfänge seit den 1970er Jahren stark zurückgegangen. Vom gesamten Glasaalaufkommen in Europa von rund 700 t (ca. 2.100 Mio. Stück) Anfang der 1990er Jahre, konnten letztendlich nur 9 Mio. Stück (ca. 0,43 %) zur Vermehrung und Erhaltung der Art beitragen. Die künstliche Vermehrung des Europäischen Aals ist in den 1980er Jahren im Labormaßstab erstmals gelungen. Seit 2009 ist der Europäische Aal in Anhang II des Washingtoner Artenschutzabkommens (CITES) aufgenommen. Damit gelten strenge Beschränkungen in Bezug auf den internationalen Handel. In den Mitgliedstaaten der Europäischen Union laufen derzeit Bewirtschaftungspläne und Schutzmaßnahmen zur Bestandserhöhung.

Anguilla australis Richardson, 1841. **Australasischer Kurzflossenaal**

Anguilla australis. (Foto: J. Ataria)

Beschreibung:
Rückenflosse kurz, deren Anfang näher zum After als zur Basis der Brustflossen. Distanz zwischen Kiemenspalte und Rückenflosse 22-33 % und zwischen Rückenflosse und After 0-6 % der Gesamtlänge.
Maul klein, Unterkiefer 20-30 % der Kopflänge. Bezahnung der Kiefer (Maxillare und Vomer) in breiten, ungeteilten Bändern. 108-116 Wirbel.
Die Oberseite ist einheitlich grünbraun bis braungrau und die Unterseite gelb bis weiß gefärbt.

Verbreitung:
Dieser Aal kommt im Pazifischen Ozean an der Ostküste von Australien, sowie auf Tasmanien, Neuseeland und Neukaledonien vor (18-47° Südlicher Breite). In China und Japan wurde er eingeführt.
Der Australasische Kurzflossenaal wird gelegentlich in folgenden Unterarten eingeteilt: *Anguilla australis australis* Richardson, 1841 (Australischer Kurzflossenaal) - kommt in Australien, Tasmanien und den Lord-Howe-Inseln vor. *Anguilla australis schmidtii* Philipps, 1925

(Neuseeländischer Kurzflossenaal) - kommt in Neuseeland, Neukaledonien und den Chatham-Inseln vor.

Lebensweise:
Die Geschlechtsreife wird meist bei den Männchen mit 8-16 Jahren und bei den Weibchen mit 10-30 Jahren erreicht. Im Durchschnitt sind die Männchen 35-55 cm und die Weibchen 50-100 cm lang.
Die Abwanderung der Blankaale ins Meer erfolgt, bei den Männchen meist etwas früher als bei den Weibchen, von November bis Juni, überwiegend in der Nacht.
Das Laichgebiet befindet sich vermutlich in der Korallensee, östlich von Neukaledonien, im westlichen Pazifischen Ozean zwischen 10-25° Südlicher Breite und 165-180° Östlicher Länge.
Die Laichzeit erstreckt sich von Oktober bis Mai. Die Eizahl beträgt durchschnittlich etwa 3-7 Mio. Stück je Weibchen. Die Eiabgabe erfolgt vermutlich in einer Tiefe von 250-350 m.
Die Larven driften während 7-9 Monaten mit dem Ostaustralstrom an die Küsten. Die Metamorphose zum Glasaal beginnt im Alter von 160-190 Tagen. Bei der Ankunft an den Küsten und der Einwanderung in die Flüsse sind die Glasaale etwa 48-62 mm lang und 0,05-0,15 g schwer. Der Aufstieg in die Flüsse erfolgt, im Norden früher als im Süden, vor allem von Juni bis November, überwiegend bei Springflut und beginnt bei Wassertemperaturen von über 12 °C, bevorzugt bei 15-18 °C, und stoppt bei über 22 °C. Ein Teil der Fische kann auch später zwischen Süß- und Brackwasser wechseln. Er besiedelt eher die Unterläufe der Flüsse und bevorzugt stehende Gewässer.
Die Nahrung besteht hauptsächlich aus Insekten (*Anisops, Austrolestes, Chironomus, Collembola, Costelytra, Ephydrella, Erioptera, Gressittius, Nymphula, Oecetis, Paralimnophora, Paroxyethira, Polypedilum, Procordulia, Psectrotanypus, Rhantus, Sigara, Triplectides, Xanthocnemis*), Krebsen (*Austridotea, Orchestia, Paracalliope, Paratia, Porcellio, Tenagomysis*), Würmern (*Lumbricus, Scolecolepides*), Mollusken (*Gyraulus, Physa, Potamopyrgus*) und Fischen (*Anguilla, Carassius, Galaxias, Gambusia, Gobiomorphus, Retropinna, Rhombosolea*), sowie gelegentlich aus Algen.
Das Wachstum variiert von durchschnittlich 13-14 mm in Tasmanien bis 36-38 mm pro Jahr in Neuseeland (33 mm Süd- und 41 mm Nordinsel). Ein Durchschnittsgewicht von 220 g erreicht er in Neuseeland auf der Südinsel in 12,8 (8-24) Jahren und auf der Nordinsel in 5,8 (3-14) Jahren. Die Weibchen werden wesentlich größer als die Männchen und nach dem Laichen sterben alle Tiere.

Der Australasische Kurzflossenaal kann bis zu 1,3 m lang, 7,5 kg schwer und 60 Jahre alt werden.

Bedeutung:
Der Australasische Kurzflossenaal ist in Australien und Neuseeland von wirtschaftlicher Bedeutung. Der Großteil wird allerdings nach Ostasien exportiert. Der Fang erfolgt hauptsächlich mit verschiedenen Reusen.
Der Gesamtfang aus der Fischerei betrug in Australien jährlich durchschnittlich in den 1960er Jahren 111 t, 1970er Jahren 69 t, 1980er Jahren 183 t, 1990er Jahren 248 t, und in den 2000er Jahren 123 t, und in Neuseeland jährlich durchschnittlich in den 1990er Jahren 849 t und in den 2000er Jahren 562 t (ca. 1/3 Südinsel und 2/3 Nordinsel).
Die Gesamtproduktion aus der Aquakultur betrug in Australien jährlich durchschnittlich in den 1980er Jahren 48 t, 1990er Jahren 211 t, und in den 2000er Jahren 46 t.
Ein Teil der Glasaale wird seit den 1970er Jahren nach Asien verkauft und dort aufgezogen. So wurden Anfang bis Mitte der 1970er Jahre jährlich 0,5-1,5 t Glasaale von Neuseeland nach Japan und Mitte bis Ende der 2000er Jahre jährlich 0,0-0,5 t von Australien nach China exportiert. Seit den 1980er Jahren ist der Fang von Aalen unter einem Körpergewicht von 150 g bzw. seit den 1990er Jahren unter 220 g in Neuseeland verboten.
Die künstliche Vermehrung des Australasischen Kurzflossenaals ist in den 1990er Jahren im Labormaßstab erstmals gelungen.

Anguilla bengalensis Gray, 1831. **Bengalischer Fleckenaal**

Anguilla bengalensis. (Foto: M. Balaram)

Beschreibung:

Rückenflosse mäßig lang, deren Anfang zwischen Brustflossen und After. Distanz zwischen Kiemenspalte und Rückenflosse 10-20 % und zwischen Rückenflosse und After 7-15 % der Gesamtlänge.

Maul groß, Unterkiefer 25-40 % der Kopflänge. Bezahnung der Kiefer (Maxillare und Vomer) in breiten, ungeteilten Bändern. 106-115 Wirbel.

Der Körper ist grünbraun bis schwarzbraun gefleckt.

Verbreitung:

Dieser Aal kommt im Indischen Ozean in Afrika von Kenia über Tansania und Mosambik bis Südafrika, sowie auf Madagaskar und den Maskarenen, und in Asien von Pakistan über Indien, Sri Lanka, Bangladesch, Myanmar und Thailand, bis Sumatra, sowie auf den Andamanen und Nikobaren vor (30° Nördlicher bis 33° Südlicher Breite).

Der Bengalische Fleckenaal wird gelegentlich in folgenden Unterarten eingeteilt: *Anguilla bengalensis bengalensis* Gray, 1831 (Indischer

Fleckenaal) - kommt in Asien vor. *Anguilla bengalensis labiata* Peters, 1852 (Afrikanischer Fleckenaal) - kommt in Afrika vor.

Lebensweise:
Die Abwanderung der Blankaale ins Meer erfolgt meist nach starken Regenfällen. Im Durchschnitt sind die Männchen 35-55 cm und die Weibchen 65-105 cm lang.
Das Laichgebiet befindet sich vermutlich östlich von Madagaskar und nördlich der Maskarenen, im westlichen Indischen Ozean zwischen 10-20° Südlicher Breite und 55-60° Östlicher Länge. Möglicherweise existieren aber auch noch weitere Laichgebiete.
Die Laichzeit erstreckt sich von August bis Oktober. Die Eizahl beträgt durchschnittlich etwa 5-50 Mio. Stück je Weibchen.
Die Larven driften während 6-18 Monaten mit Meeresströmungen an die afrikanischen und asiatischen Küsten. Die Metamorphose zum Glasaal beginnt im Alter von 115-120 Tagen. Bei der Ankunft an den Küsten und der Einwanderung in die Flüsse sind die Glasaale etwa 49-61 mm lang. Der Aufstieg in die Flüsse erfolgt von Oktober bis März, wobei sie weit flussaufwärts wandern können und selbst hohe Hindernisse, wie Wasserfälle und Dämme, überwinden können. Er besiedelt eher die Mittelläufe der Flüsse.
Die Nahrung besteht hauptsächlich aus Insekten (*Gryllotalpa*), Krebsen (*Alpheus, Caridina, Hisla, Metapenaeus, Palaemon, Pama, Paratelphusa, Setipinna, Varuna*), Würmern, Mollusken und Fischen (*Ambassis, Anguilla, Badis, Barbus, Gobiopterus, Glossogobius, Eleotis, Gadusia, Hilsa, Pama, Setipinna, Tetradon*), sowie gelegentlich aus Fröschen und Pflanzen (*Tribonema, Spirogira*).
Die Weibchen werden wesentlich größer als die Männchen und nach dem Laichen sterben alle Tiere.
Der Bengalische Fleckenaal kann bis zu 1,8 m lang, 23,0 kg schwer und 20 Jahre alt werden.

Bedeutung:
Der Bengalische Fleckenaal ist in Afrika und Asien (von Indien bis Myanmar) von wirtschaftlicher Bedeutung. Ein Teil der Aale wird auch nach Ostasien exportiert. Der Fang erfolgt hauptsächlich mit verschiedenen Reusen und Angeln.
Der Schleim lebender Aale, gemischt mit Reis- oder Weizenmehl, wird auch als Medizin gegen Gelenksentzündungen (Arthritis) und Atemwegserkrankungen (Asthma) verwendet.

Anguilla bicolor McClelland, 1844. **Indopazifischer Kurzflossenaal**

Anguilla bicolor. (Foto: J. Jensen)

Beschreibung:
Rückenflosse kurz, deren Anfang näher zum After als zur Basis der Brustflossen. Distanz zwischen Kiemenspalte und Rückenflosse 22-32 % und zwischen Rückenflosse und After 0-3 % der Gesamtlänge.
Maul klein, Unterkiefer 21-33 % der Kopflänge. Bezahnung der Kiefer (Maxillare und Vomer) in breiten, ungeteilten Bändern. 103-115 Wirbel.
Die Oberseite ist einheitlich grünbraun bis blaugrau und die Unterseite gelb bis weiß gefärbt.

Verbreitung:
Dieser Aal kommt im Indo-Pazifischen Ozean vom Südosten Afrikas mit Madagaskar, den Maskarenen, Komoren und Seychellen, über Indien mit Sri Lanka, Bangladesch, Myanmar und Thailand bis Indonesien und den Nordwesten Australiens, sowie von Taiwan, China und Vietnam, über die Philippinen und Indonesien bis Neuguinea vor (22° Nördlicher bis 27° Südlicher Breite). In Japan und Korea wurde er eingeführt.

Der Indopazifische Kurzflossenaal wird gelegentlich in folgenden Unterarten eingeteilt: *Anguilla bicolor bicolor* McClelland, 1844 (Indischer Kurzflossenaal) - kommt in Indischen Ozean ab/bis Sumatra, Java und Australien vor. *Anguilla bicolor pacifica* Schmidt, 1928 (Pazifischer Kurzflossenaal) - kommt im Pazifischen Ozean ab/bis Borneo, Celebes und Neuguinea vor.
Insgesamt sind mehrere (2-3) Populationen bekannt: Westlicher und Östlicher Indischer Ozean, sowie Pazifischer Ozean.

Lebensweise:
Die Abwanderung der Blankaale ins Meer erfolgt während des ganzen Jahres, überwiegend in der Nacht. Im Durchschnitt sind die Männchen 35-55 cm und die Weibchen 40-80 cm lang.
Das Laichgebiet befindet sich vermutlich in Indonesien westlich von Sumatra vor den Mentawai Inseln, im östlichen Indischen Ozean zwischen 5-5° Nördlicher und Südlicher Breite und 85-100° Östlicher Länge. Möglicherweise existieren aber auch noch weitere Laichgebiete.
Die Laichzeit erstreckt sich von September bis Juli. Die Eizahl beträgt durchschnittlich etwa 1-4 Mio. Stück je Weibchen.
Die Larven driften während 3-7 Monaten mit dem Südäquatorialstrom an die Küsten. Die Metamorphose zum Glasaal beginnt im Alter von 100-170 Tagen. Bei der Ankunft an den Küsten und der Einwanderung in die Flüsse sind die Glasaale etwa 43-59 mm (49 mm) lang und 0,1-0,2 g schwer. Der Aufstieg in die Flüsse erfolgt vor allem von Oktober bis Juni, überwiegend in der Nacht bei Neumond und Springflut. Er besiedelt eher die Unterläufe der Flüsse.
Die Nahrung besteht hauptsächlich aus Insekten, Krebsen (*Calanus, Metapenaeus, Penaeus*), Würmern, Mollusken und Fischen (*Ambasis, Ehirava, Zenachopterus*), sowie gelegentlich aus Algen (*Coscinodiscus, Pelagothrix, Thallasiotrix).*
Die Weibchen werden wesentlich größer als die Männchen und nach dem Laichen sterben alle Tiere.
Der Indopazifische Kurzflossenaal kann bis zu 1,2 m lang, 3,0 kg schwer und 20 Jahre alt werden.

Bedeutung:
Der Indopazifische Kurzflossenaal ist in Afrika, Indien, und Indonesien von wirtschaftlicher Bedeutung. Ein Teil der Aale wird auch exportiert.
Der Gesamtfang aus der Fischerei (Aalart nicht angegeben) betrug jährlich etwa in den 2000er Jahren in Indonesien 1.849 t und in den Philippinen 474 t, wobei ein Teil (ca. 25 %) auf diese Art fallen dürfte.

Anguilla borneensis Popta, 1924. Indonesischer Langflossenaal

Anguilla borneensis. (Foto: K. Martin-Smith)

Beschreibung:
Rückenflosse mäßig lang, deren Anfang zwischen Brustflossen und After. Distanz zwischen Kiemenspalte und Rückenflosse 14-19 % und zwischen Rückenflosse und After 10-14 % der Gesamtlänge.
Maul groß, Unterkiefer 31-36 % der Kopflänge. Bezahnung der Kiefer (Maxillare und Vomer) in schmalen, geteilten Bändern. 103-108 Wirbel.
Die Oberseite ist einheitlich graubraun und die Unterseite heller gefärbt.

Verbreitung:
Dieser Aal kommt im Pazifischen Ozean in Südostasien in Indonesien von Borneo über Sulawesi bis Philippinen vor (7° Nördlicher bis 5° Südlicher Breite).

Lebensweise:
Die Abwanderung der Blankaale ins Meer erfolgt mit Beginn der Geschlechtsreife und Gonadenentwicklung.

Das Laichgebiet befindet sich vermutlich in der Celébessee, östlich von Borneo und nördlich von Celebes, im westlichen Pazifischen Ozean zwischen 0-5° Nördlicher Breite und 118-125° Westlicher Länge.
Die Laichzeit erstreckt sich von Februar bis September.
Die Larven driften über mehrere Monate mit Meeresströmungen an die Küsten. Die Metamorphose zum Glasaal beginnt im Alter von 110-130 Tagen. Bei der Ankunft an den Küsten und der Einwanderung in die Flüsse sind die Glasaale etwa 48-50 mm lang. Der Aufstieg in die Flüsse erfolgt von Juni bis August.
Die Nahrung besteht hauptsächlich aus Insekten, Krebsen, Mollusken und Fischen.
Die Weibchen werden wesentlich größer als die Männchen und nach dem Laichen sterben alle Tiere.
Der Indonesische Langflossenaal kann bis zu 1,0 m lang, 2,0 kg schwer und 15 Jahre alt werden.

Bedeutung:
Der Indonesische Langflossenaal ist in Indonesien von geringer wirtschaftlicher Bedeutung. Der Fang erfolgt hauptsächlich mit verschiedenen Reusen und Angeln.

Anguilla celebesensis Kaup, 1856. **Sulawesischer Langflossenaal**

Anguilla celebesensis. (Foto: S. Watanabe)

Beschreibung:
Rückenflosse mäßig lang, deren Anfang zwischen Brustflossen und After. Distanz zwischen Kiemenspalte und Rückenflosse 12-22 % und zwischen Rückenflosse und After 8-15 % der Gesamtlänge.
Maul groß, Unterkiefer 24-46 % der Kopflänge. Bezahnung der Kiefer (Maxillare und Vomer) in breiten, ungeteilten Bändern. 100-107 Wirbel.
Der Körper ist gelbgrün bis schwarzbraun gefleckt.

Verbreitung:
Dieser Aal kommt im Pazifischen Ozean von Taiwan über Philippinen und Indonesien bis Neuguinea, sowie auf Samoa vor (24° Nördlicher bis 11° Südlicher Breite).
Insgesamt sind mehrere (2-3) Populationen bekannt.

Lebensweise:
Die Geschlechtsreife wird bei beiden Geschlechtern meist bei einer Größe von 40-80 cm erreicht.

Die Abwanderung der Blankaale ins Meer erfolgt überwiegend in der Nacht.
Das Laichgebiet befindet sich vermutlich in der Celébessee, östlich von Borneo und nördlich von Celebes, im westlichen Pazifischen Ozean zwischen 0-5° Nördlicher Breite und 118-125° Westlicher Länge. Möglicherweise existieren aber auch noch weitere Laichgebiete (z.B.: Tomini Bay).
Die Laichzeit erstreckt sich von Dezember bis August.
Die Larven driften während 3-6 Monaten mit Meeresströmungen an die Küsten. Die Metamorphose zum Glasaal beginnt im Alter von 70-140 Tagen. Bei der Ankunft an den Küsten und der Einwanderung in die Flüsse sind die Glasaale etwa 43-57 mm lang. Der Aufstieg in die Flüsse erfolgt vor allem von April bis Januar, überwiegend in der Nacht bei Neumond und Springflut. Er besiedelt eher die Oberläufe der Flüsse.
Die Nahrung besteht hauptsächlich aus Insekten, Krebsen, Mollusken und Fischen.
Die Weibchen werden wesentlich größer als die Männchen und nach dem Laichen sterben alle Tiere.
Der Sulawesische Langflossenaal kann bis zu 1,5 m lang, 10,0 kg schwer und 25 Jahre alt werden.

Bedeutung:
Der Sulawesische Langflossenaal ist in Indonesien von wirtschaftlicher Bedeutung. Der Fang erfolgt hauptsächlich mit verschiedenen Reusen und Angeln.

Anguilla dieffenbachii Gray, 1842. **Neuseeländischer Langflossenaal**

Anguilla dieffenbachii. (Foto: J. Bursell)

Beschreibung:

Rückenflosse mäßig lang, deren Anfang zwischen Brustflossen und After. Distanz zwischen Kiemenspalte und Rückenflosse 14-22 % und zwischen Rückenflosse und After 9-12 % der Gesamtlänge.
Maul groß, Unterkiefer 25-35 % der Kopflänge. Bezahnung der Kiefer (Maxillare und Vomer) in breiten, ungeteilten Bändern. 109-116 Wirbel.
Die Oberseite ist einheitlich graubraun bis grauschwarz und die Unterseite heller gefärbt.

Verbreitung:

Dieser Aal kommt im Pazifischen Ozean in Neuseeland, sowie auf den Chatham- und Aucklandinseln vor (34-50° Südlicher Breite). In Japan wurde er eingeführt.

Lebensweise:

Die Geschlechtsreife wird meist bei den Männchen mit 10-30 Jahren und bei den Weibchen mit 20-40 Jahren erreicht. Im Durchschnitt sind

die Männchen 50-75 cm und die Weibchen 75-150 cm lang.
Die Abwanderung ins Meer erfolgt, bei den Männchen meist früher als bei den Weibchen, von Januar bis Juni, überwiegend in der Nacht bei Neumond und Hochwasser. Im Meer erfolgt die Wanderung in einer Tiefe von ca. 200-400 m in der Nacht und ca. 600-800 m am Tag.
Das Laichgebiet befindet sich vermutlich in der Korosee, zwischen Fidschi und Tonga, im südlichen Pazifischen Ozean zwischen 15-20° Südlicher Breite und 130-135° Westlicher Länge.
Die Laichzeit erstreckt sich von August bis Dezember. Die Eizahl beträgt durchschnittlich etwa 5-20 Mio. Eier je Weibchen.
Die Larven driften während 8-11 Monaten mit dem Südäquatorialstrom an die Küsten. Die Metamorphose zum Glasaal beginnt im Alter von 200-250 Tagen. Bei der Einwanderung in die Flüsse sind die Glasaale etwa 64-70 mm lang. Der Aufstieg in die Flüsse erfolgt von Juni bis Dezember, meist in der Nacht bei Neumond und Springflut, und beginnt bei Wassertemperaturen von über 12 °C, bevorzugt bei 15-18 °C, und stoppt bei über 22 °C. Er besiedelt eher die Oberläufe der Flüsse.
Die Nahrung besteht hauptsächlich aus Insekten (*Archichauliodes, Austroperla, Coloburiscus, Deleatidium, Hydrohiosis, Olinga, Oecetis, Oeconesus, Paralimnophila, Paraoxyethira, Polvplectropus Procordulia, Pycnocentmdes, Pycnocentrodes, Stenoperla, Zelandoperla*), Krebsen, Würmern, Mollusken (*Hyridella, Lymnaea, Physastra, Potamopyrgus*) und ab einer Länge von etwa 40 cm auch aus Fischen (*Gobiomorphus, Salmo)*, sowie gelegentlich aus Kleinsäugern (*Mus*) und Pflanzen.
Das Wachstum beträgt in Neuseeland durchschnittlich 28-29 mm pro Jahr (23 mm Süd- und 34 mm Nordinsel). Ein Durchschnittsgewicht von 220 g erreicht er auf der Südinsel in 17,5 (12-29) Jahren und auf der Nordinsel in 5,8 (5-15) Jahren. Die Weibchen werden wesentlich größer als die Männchen und nach dem Laichen sterben alle Tiere.
Der Neuseeländische Langflossenaal kann bis zu 2,0 m lang, 25,0 kg schwer und 65 Jahre alt werden.

Bedeutung:
Der Neuseeländische Langflossenaal ist in Neuseeland von wirtschaftlicher Bedeutung. Ein Teil der Aale wird auch nach Asien exportiert. Der Fang erfolgt meist mit beköderten Reusen oder Angeln.
Der Gesamtfang aus der Fischerei betrug in Neuseeland jährlich durchschnittlich in den 1990er Jahren 560 t und in den 2000er Jahren 276 t (ca. 1/3 Südinsel und 2/3 Nordinsel).
Die künstliche Vermehrung des Neuseeländischen Langflossenaals ist in den 1990er Jahren im Labormaßstab erstmals gelungen.

Anguilla japonica Temminck et Schlegel, 1846.
Japanischer Aal

Anguilla japonica. (Foto: S. Watanabe)

Beschreibung:
Rückenflosse kurz, deren Anfang näher zum After als zur Basis der Brustflossen. Distanz zwischen Kiemenspalte und Rückenflosse 14-22 % und zwischen Rückenflosse und After 6-13 % der Gesamtlänge.
Maul klein, Unterkiefer 20-30 % der Kopflänge. Bezahnung der Kiefer (Maxillare und Vomer) in schmalen, geteilten Bändern. 112-119 Wirbel.
Die Oberseite ist einheitlich grünbraun bis blaugrau und die Unterseite heller gefärbt.

Verbreitung:
Dieser Aal kommt im Pazifischen Ozean in Ostasien von Korea über China bis Vietnam, sowie auf Japan, Taiwan und Hainan vor (42-12° Nördlicher Breite). In Thailand, Kambodscha und Guam wurde er eingeführt.

Lebensweise:
Die Geschlechtsreife wird, im Süden früher als im Norden, meist mit einem Alter von 5-10 Jahren erreicht. Im Durchschnitt sind die Männchen 35-55 cm und die Weibchen 55-75 cm lang.
Die Abwanderung der Blankaale ins Meer erfolgt, von August bis November, überwiegend in der Nacht bei Hochwasser. Die Laichwanderung im Meerwasser (ca. 1.000-3.000 km) erfolgt in einer Tiefe von ca. 100-300 m in der Nacht und ca. 700-800 m am Tag, mit einer Geschwindigkeit von etwa 0,3-0,4 m/s.
Das Laichgebiet befindet sich in der Philippinensee, östlich der Philippinen und westlich der Marianen Inseln im nördlichen Pazifischen Ozean zwischen 13-15° Nördlicher Breite und 141-143° Östlicher Länge.
Die Laichzeit erstreckt sich von April bis September. Die Eizahl beträgt durchschnittlich etwa 7-13 Mio. Stück je Weibchen.
Die Laichabgabe erfolgt bei Neumond in einer Tiefe von 150-300 m, bei einer Wassertemperatur von etwa 21-23 °C. Die Eier sinken bis zum Schlupf langsam in eine Tiefe von 400-500 m. Mit einer Größe von 7-15 mm steigen die Larven in eine Tiefe von 100-300 m.
Die Larven driften während 4-9 Monaten mit dem Kuroshiostrom an die Küsten, bevorzugt in einer Tiefe von 50-100 m. Die Metamorphose zum Glasaal beginnt im Alter von 100-150 Tagen. Bei der Ankunft an den Küsten und der Einwanderung in die Flüsse sind die Glasaale etwa 52-64 mm (57 mm) lang und 0,1-0,2 g schwer. Der Aufstieg in die Flüsse erfolgt von Oktober bis Juni, überwiegend in der Nacht bei Neumond, und beginnt bei Wassertemperaturen von über 8-10 °C, bevorzugt bei 14-18 °C, und stoppt bei über 24 °C. Einige Individuen bleiben im Brackwasser, andere können auch später zwischen Süß- und Brackwasser wechseln. Er besiedelt eher die Unterläufe der Flüsse. Der Tag und Winter wird relativ inaktiv, im Schlamm eingegraben, verbracht.
Die Nahrung besteht hauptsächlich aus Würmern (*Allolobophora, Erpobdella, Hirudo, Nereis, Tubifex, Tylorrhynchus, Urechis*), Insekten (*Anax, Azuma, Chironomus, Cybister, Ephemera, Gryllotalpa, Loxblemmus, Striatismya*), Krebsen (*Alona, Eriocheir, Hemigrapsus, Idotea, Leander, Lepas, Neomysis, Paratya, Procambarus, Sesarma, Upogebia*), Mollusken (*Cipangopaludina, Semisulcospira*) und Fischen (*Carassius, Pseudoperilampus, Pseudosasbora, Rhinogobius, Sarcocheilichthys*).
Die Weibchen werden wesentlich größer als die Männchen und nach dem Laichen sterben alle Tiere.

Der Japanische Aal kann bis zu 1,5 m lang und 6,1 kg schwer und 35 Jahre alt werden.

Bedeutung:

Der Japanische Aal ist in Asien von großer wirtschaftlicher Bedeutung. Der Fang erfolgt hauptsächlich mit verschiedenen Reusen. In China und Korea wird aus Kräutern und Aalen ein Saft produziert, der seit dem 16. Jahrhundert in der traditionellen Medizin verwendet wird.

Der Gesamtfang aus der Fischerei betrug jährlich durchschnittlich in den 1950er Jahren 2.392 t (99,92 % Japan und 0,08 %Taiwan), 1960er Jahren 3.107 t (96,56 % Japan, 3,73 % Korea und 1,20 % Taiwan), 1970er Jahren 2.437 t (91,19 % Japan, 7,63 % Korea und 1,03 % Taiwan), 1980er Jahren 2.181 t (74,38 % Japan, 24,08 % Korea und 1,09 % Taiwan), 1990er Jahren 1.047 t (91,27 % Japan, 8,53 Korea und 0,20 % Taiwan), und in den 2000er Jahren 507 t (93,37 % Japan und 6,63 % Korea).

Die Gesamtproduktion aus der Aquakultur betrug jährlich durchschnittlich in den 1960er Jahren 323 t (100 % Taiwan), 1970er Jahren 13.939 t (99,17 % Taiwan und 0,78 % Korea), 1980er Jahren 61.053 t (60,84 % Taiwan, 37,73 % Japan, 1,12 % Korea und 0,31 % Malaysia), 1990er Jahren 190.706 t (63,55 % China, 17,97 % Taiwan, 15,97 % Japan, 1,35 % Malaysia und 1,16 % Korea), und in den 2000er Jahren 223.109 t (74,82 % China, 12,78 % Taiwan, 9,73 % Japan, 2,47 % Korea und 0,20 % Malaysia).

Glasaale werden, im Süden früher als im Norden, meist von November bis April mit Licht angelockt und mit kescher- oder hamenartigen Handnetzen oder Flügelreusen (Maschenweite 1-2 mm) im Gezeitenstrom gefangen. In Japan wurden durchschnittlich in den 1960er Jahren 110 t, in den 1970er Jahren 80 t, in den 1980er Jahren 50 t, und in den 1990er und 2000er Jahren 20 t Glasaale pro Jahr gefangen.

Aale werden in Japan seit den 1870er Jahren und in Taiwan seit den 1920er Jahren aufgezogen. Davor wurden Glasaale meist als Entenfutter und Blankaale oft als Haiköder für Langleinen verwendet. Danach wurden große Mengen an Glasaalen nach Japan importiert und dort aufgezogen. So wurden Anfang bis Mitte der 1970er Jahre jährlich rund 120-290 t Glasaale von China und Korea nach Japan exportiert.

Die künstliche Vermehrung des Japanischen Aals ist in den 1970er Jahren im Labormaßstab erstmals gelungen. Der Japanische Aal ist die einzige Aalart, bei der bisher der gesamte Lebenszyklus in Gefangenschaft erfolgte. In den 2010er Jahren wurde bereits eine Generation (F2) in der Zucht produziert.

Anguilla marmorata Quoy et Gaimard, 1824.
Marmorierter Langflossenaal

Anguilla marmorata. (Foto: T. Warren)

Beschreibung:

Rückenflosse lang, deren Anfang näher zur Basis der Brustflossen als zum After. Distanz zwischen Kiemenspalte und Rückenflosse 8-15 % und zwischen Rückenflosse und After 12-20 % der Gesamtlänge.
Maul groß, Unterkiefer 25-37 % der Kopflänge. Bezahnung der Kiefer (Maxillare und Vomer) in schmalen, geteilten Bändern. 100-110 Wirbel.
Die Oberseite ist gelbbraun bis schwarzbraun gefleckt, die Unterseite ist blaugrau bis weiß gefärbt. Die Jungfische sind meist orangegrau gefärbt und weniger gefleckt.

Verbreitung:

Dieser Aal kommt im Indo-Pazifischen Ozean vom Südosten Afrikas mit Madagaskar, Komoren und Maskarenen, über Indien und Sri Lanka, sowie Japan, China, Taiwan, Philippinen, Indonesien und Neuguinea bis Polynesien (Marquesas-, Austral- und Gesellschaftsinseln sowie Gambier- und Tuamotu-Archipel) und den Galapagos-Inseln vor (24° Nördlicher bis 33° Südlicher Breite). In Hawaii wurde er eingeführt.

Der Marmorierte Langflossenaal hat das größte Verbreitungsgebiet aller Süßwasseraale. Insgesamt sind mehrere (3-5) Populationen bekannt: Westlicher und Östlicher Indischer Ozean, sowie Nördlicher, Zentraler und Südlicher Pazifischer Ozean.

Lebensweise:
Die Geschlechtsreife wird bei beiden Geschlechtern meist mit einem Alter von 10-30 Jahren erreicht. Im Durchschnitt sind die Männchen 70-85 cm und die Weibchen 120-180 cm lang.
Die Abwanderung der Blankaale ins Meer erfolgt von August bis Februar. Die Laichwanderung im Meerwasser erfolgt in einer Tiefe von ca. 100-300 m in der Nacht und ca. 500-700 m am Tag.
Das Laichgebiet befindet sich in der Philippinensee, östlich der Philippinen und westlich der Marianen Inseln im nördlichen Pazifischen Ozean zwischen 13-17° Nördlicher Breite und 140-144° Östlicher Länge. Möglicherweise existieren aber auch noch weitere Laichgebiete.
Die Laichzeit erstreckt sich, je nach Laichgebiet, über das ganze Jahr.
Die Eizahl beträgt durchschnittlich etwa 10-40 Mio. Stück je Weibchen.
Die Eiabgabe erfolgt überwiegend in einer Tiefe von 150-300 m.
Die Larven driften während 4-6 Monaten mit Meeresströmungen an die Küsten. Die Metamorphose zum Glasaal beginnt im Alter von 100-170 Tagen. Bei der Ankunft an den Küsten und der Einwanderung in die Flüsse sind die Glasaale etwa 45-60 mm lang. Der Aufstieg in die Flüsse erfolgt von Januar bis Dezember, überwiegend in der Nacht bei Neumond und Springflut, bei Wassertemperaturen von über 15 °C. Er besiedelt eher die Mittelläufe der Flüsse.
Die Nahrung besteht hauptsächlich aus Insekten, Krebsen (*Calanus, Eriocheir, Macrobrachium*), Mollusken (*Octopus*) und Fischen (*Poecilia*), sowie gelegentlich aus Fröschen und Algen (*Asterionella, Euglena).*
Die Weibchen werden wesentlich größer als die Männchen und nach dem Laichen sterben alle Tiere.
Der Marmorierte Langflossenaal kann bis zu 2,0 m lang, 28,0 kg schwer und 40 Jahre alt werden.

Bedeutung:
Der Marmorierte Langflossenaal ist in Afrika, Indonesien und Ozeanien von wirtschaftlicher Bedeutung. Ein Teil der Aale wird auch exportiert.
Der Gesamtfang aus der Fischerei (Aalart nicht angegeben) betrug jährlich durchschnittlich in den 2000er Jahren in Indonesien 1.849 t und in den Philippinen 474 t, wobei ein Teil (ca. 40 %) auf diese Art fallen dürfte.

Anguilla megastoma Kaup, 1856. **Polynesischer Langflossenaal**

Anguilla megastoma. (Foto: C. Pöllabauer)

Beschreibung:
Rückenflosse kurz, deren Anfang näher zum After als zur Basis der Brustflossen. Distanz zwischen Kiemenspalte und Rückenflosse 12-18 % und zwischen Rückenflosse und After 7-14 % der Gesamtlänge.
Maul groß, Unterkiefer 26-45 % der Kopflänge. Bezahnung der Kiefer (Maxillare und Vomer) in breiten, ungeteilten Bändern. 107-116 Wirbel.
Der Körper ist gelbgrau bis schwarzbraun gefleckt. Die Jungfische sind meist graubraun gefärbt und weniger gefleckt.

Verbreitung:
Dieser Aal kommt im Pazifischen Ozean von Indonesien (Sulawesi) über Melanesien (Salomonen, Neukaledonien, Vanuatu, Fidschi) bis Polynesien (Cook-, Austral- und Gesellschaftsinseln sowie Gambier-Archipel und Pitcairn) vor (1-25° Südlicher Breite).

Lebensweise:
Die Geschlechtsreife wird bei beiden Geschlechtern meist mit einem Alter von 10-20 Jahren erreicht. Im Durchschnitt sind die Männchen 45-50 cm und die Weibchen 100-150 cm lang.
Die Abwanderung der Blankaale ins Meer erfolgt von Oktober bis Dezember. Die Laichwanderung im Meerwasser erfolgt in einer Tiefe von ca. 150-350 m in der Nacht und ca. 600-800 m am Tag.
Das Laichgebiet befindet sich vermutlich in Polynesien östlich der Insel Tahiti und westlich des Tuámotu-Archipels, im südlichen Pazifischen Ozean zwischen 8-12° Südlicher Breite und 170-175° Östlicher Länge.
Die Larven driften über mehrere Monate mit Meeresströmungen an die Küsten. Bei der Ankunft an den Küsten und der Einwanderung in die Flüsse sind die Glasaale etwa 47-49 mm lang. Der Aufstieg in die Flüsse erfolgt von Oktober bis Juli. Er besiedelt eher die Oberläufe der Flüsse.
Die Nahrung besteht hauptsächlich aus Insekten (*Agrionoptera, Anax, Anisops, Macrodiplax*, *Orthetrum*, *Rhyothemis, Triplectides)*, Krebsen (*Macrobrachium*), Mollusken (*Fluviopupa*, *Melanoides, Glyptophysa, Gyraulus)* und Fischen.
Die Weibchen werden wesentlich größer als die Männchen und nach dem Laichen sterben alle Tiere.
Der Polynesische Langflossenaal kann bis zu 1,9 m lang und 22,0 kg schwer und 30 Jahre alt werden.

Bedeutung:
Der Polynesische Langflossenaal ist in Indonesien und Polynesien von wirtschaftlicher Bedeutung. Der Fang erfolgt hauptsächlich mit verschiedenen Reusen und Angeln.

Anguilla mossambica Peters, 1852. **Afrikanischer Langflossenaal**

Anguilla mossambica. (Foto: J. Jensen)

Beschreibung:

Rückenflosse lang, deren Anfang näher zur Basis der Brustflossen als zum After. Distanz zwischen Kiemenspalte und Rückenflosse 9-19 % und zwischen Rückenflosse und After 9-18 % der Gesamtlänge.
Maul groß, Unterkiefer 25-40 % der Kopflänge. Bezahnung der Kiefer (Maxillare und Vomer) in breiten, ungeteilten Bändern. 100-106 Wirbel.
Die Oberseite ist einheitlich grünbraun bis schwarzgrau und die Unterseite silbrig bis weiß gefärbt.

Verbreitung:

Dieser Aal kommt im Indischen Ozean an der Ostküste Afrikas von Kenia über Tansania und Mosambik bis Südafrika, sowie auf Madagaskar, den Komoren und Maskarenen vor (25° Nördlicher bis 35° Südlicher Breite). In Taiwan und Korea wurde er eingeführt.

Lebensweise:
Die Geschlechtsreife wird bei beiden Geschlechtern meist mit einem Alter von 10-20 Jahren erreicht.
Die Abwanderung der Blankaale ins Meer erfolgt von November bis März. Bei der Laichwanderung im Meerwasser (ca. 1.000-3.000 km) wird die Nahrungsaufnahme eingestellt und ein Teil der Fettreserven aufgebraucht.
Das Laichgebiet befindet sich östlich von Madagaskar und nördlich der Maskarenen, im westlichen Indischen Ozean zwischen 13-19° Südlicher Breite und 55-60° Östlicher Länge.
Die Laichzeit erstreckt sich von Juni bis November.
Die Larven driften während 3-12 Monaten mit dem Südäquatorialstrom an die afrikanischen Küsten. Die Metamorphose zum Glasaal beginnt im Alter von 70-130 Tagen. Bei der Ankunft an den Küsten und der Einwanderung in die Flüsse sind die Glasaale etwa 42-57 mm lang. Der Aufstieg in die Flüsse erfolgt von September bis April, überwiegend in der Nacht. Sie können weit flussaufwärts wandern und dabei selbst hohe Hindernisse gut überwinden, wie den Kariba und den Cabora-Bassa Staudamm am Sambesi. Er besiedelt eher die Oberläufe der Flüsse.
Die Nahrung besteht hauptsächlich aus Insekten, Krebsen (*Potamon*) und Fischen.
Die Weibchen werden wesentlich größer als die Männchen und nach dem Laichen sterben alle Tiere.
Der Afrikanische Langflossenaal kann bis zu 1,5 m lang, 5,4 kg schwer und 25 Jahre alt werden.

Bedeutung:
Der Afrikanische Langflossenaal ist in Afrika von wirtschaftlicher Bedeutung. Ein Teil der Aale wird auch nach Asien exportiert. Der Fang erfolgt hauptsächlich mit verschiedenen Reusen.
Die Aalexporte von Madagaskar betrugen in den 2000er Jahren jährlich durchschnittlich etwa 10 t, wobei ein Großteil auf diese Art fallen dürfte.
Ein Teil der Glasaale wird seit den 2000er Jahren ebenfalls nach Asien (Japan und Taiwan) verkauft und dort aufgezogen. So wurden von Madagaskar Mitte bis Ende der 2000er Jahre jährlich 0,1-1,4 t Glasaale nach Hongkong und Anfang bis Mitte der 2010er Jahren 0,1-5,5 t nach Korea exportiert. Seit Anfang der 2010er Jahre werden auch von Südafrika und Mauritius gelegentlich 0,0-0,1 t Glasaale nach Asien exportiert.

Anguilla obscura Günther, 1872. **Polynesischer Kurzflossenaal**

Anguilla obscura. (Foto: P. Sasal)

Beschreibung:
Rückenflosse kurz, deren Anfang näher zum After als zur Basis der Brustflossen. Distanz zwischen Kiemenspalte und Rückenflosse 20-30 % und zwischen Rückenflosse und After 1-6 % der Gesamtlänge.
Maul groß, Unterkiefer 21-38 % der Kopflänge. Bezahnung der Kiefer (Maxillare und Vomer) in breiten, ungeteilten Bändern. 101-108 Wirbel.
Die Oberseite ist einheitlich gelbbraun bis graubraun und die Unterseite silbrig-weiß gefärbt.

Verbreitung:
Dieser Aal kommt im Pazifischen Ozean vom Nordosten Australiens über Neuguinea bis Melanesien (Vanuatu und Fidschi) und Polynesien (Samoa-, Cook-, Austral- und Gesellschaftsinseln sowie Gambier- und Tuamotu-Archipel) vor (2° Nördlicher bis 27° Südlicher Breite).

Lebensweise:
Die Geschlechtsreife wird bei beiden Geschlechtern meist mit einem Alter von 15-25 Jahren erreicht. Im Durchschnitt sind die Männchen 35-50 cm und die Weibchen 75-100 cm lang.
Die Abwanderung der Blankaale ins Meer erfolgt von Oktober bis Dezember. Die Laichwanderung im Meerwasser erfolgt in einer Tiefe von ca. 100-300 m in der Nacht und ca. 200-400 m am Tag.
Das Laichgebiet befindet sich vermutlich in Polynesien östlich der Insel Tahiti und westlich des Tuámotu-Archipels, im südlichen Pazifischen Ozean zwischen 8-12° Südlicher Breite und 170-175° Östlicher Länge.
Die Larven driften während 5-6 Monaten mit dem Südäquatorialstrom an die Küsten. Bei der Ankunft an den Küsten und der Einwanderung in die Flüsse sind die Glasaale etwa 45-53 mm lang. Der Aufstieg in die Flüsse erfolgt von Oktober bis Juli. Er besiedelt eher die Unterläufe der Flüsse.
Die Nahrung besteht hauptsächlich aus Insekten, Krebsen, Mollusken (*Melanoides, Thiara*) und Fischen (*Oreochromis*), sowie gelegentlich aus Algen.
Die Weibchen werden wesentlich größer als die Männchen und nach dem Laichen sterben alle Tiere.
Der Polynesische Kurzflossenaal kann bis zu 1,3 m lang, 4,0 kg schwer und 25 Jahre alt werden.

Bedeutung:
Der Polynesische Kurzflossenaal ist in Ozeanien von wirtschaftlicher Bedeutung. Der Fang erfolgt hauptsächlich mit verschiedenen Reusen und Angeln.

Anguilla reinhardtii Steindachner, 1867. **Gefleckter Langflossenaal**

Anguilla reinhardtii. (Foto: J. Bursell)

Beschreibung:

Rückenflosse kurz, deren Anfang näher zum After als zur Basis der Brustflossen. Distanz zwischen Kiemenspalte und Rückenflosse 15-22 % und zwischen Rückenflosse und After 7-13 % der Gesamtlänge.
Maul klein, Unterkiefer 20-30 % der Kopflänge. Bezahnung der Kiefer (Maxillare und Vomer) in schmalen, geteilten Bändern. 104-110 Wirbel.
Der Körper ist grünbraun bis schwarzgrau gefleckt.

Verbreitung:

Dieser Aal kommt im Pazifischen Ozean an der Ostküste von Australien, sowie auf Tasmanien, Neuguinea und Salomonen bis Neukaledonien und Neuseeland (Nordinsel) vor (10-43° Südlicher Breite). In Taiwan und China wurde er eingeführt.

Lebensweise:
Die Geschlechtsreife wird meist bei den Männchen mit 8-12 Jahren und bei den Weibchen mit 10-30 Jahren erreicht. Im Durchschnitt sind die Männchen 50-75 cm und die Weibchen 75-100 cm lang.
Die Abwanderung der Blankaale ins Meer erfolgt von Februar bis April, überwiegend in der Nacht bei Neumond und Hochwasser.
Das Laichgebiet befindet sich vermutlich in der Korallensee, nördlich von Neukaledonien, im westlichen Pazifischen Ozean zwischen 10-25° Südlicher Breite und 165-180° Östlicher Länge.
Die Laichzeit erstreckt sich von März bis Januar. Die Eizahl beträgt durchschnittlich etwa 3-7 Mio. Stück je Weibchen.
Die Larven driften während 4-7 Monaten mit dem Ostaustralstrom an die Küsten. Die Metamorphose zum Glasaal beginnt im Alter von 120-150 Tagen. Bei der Ankunft an den Küsten und der Einwanderung in die Flüsse sind die Glasaale etwa 46-59 mm lang und 0,05-0,15 g schwer.
Der Aufstieg in die Flüsse erfolgt, im Norden früher als im Süden, von Oktober bis Juli. Er besiedelt eher die Mittelläufe der Flüsse und bevorzugt fließende Gewässer.
Die Nahrung besteht hauptsächlich aus Insekten, Krebsen (*Macrobrachium, Paranephrops*), Mollusken (*Pantiparum, Physa, Physastra, Potamopyrgus*) und Fischen (*Anguilla, Galaxias, Gobiomorphus, Retropinna, Tandanus*).
Das Wachstum variiert von durchschnittlich 21-22 mm in Tasmanien bis 45-46 mm pro Jahr in Australien. Es ist im Brackwasser generell schneller als im Süßwasser. In Neuseeland ist das Wachstum von *A. reinhardtii* etwa 2,5mal (Länge) bis 4,0mal (Gewicht) schneller als jenes von *A. dieffenbachii*.
Die Weibchen werden wesentlich größer als die Männchen und nach dem Laichen sterben alle Tiere.
Der Gefleckte Langflossenaal kann bis zu 2,0 m lang, 22,0 kg schwer und 40 Jahre alt werden.

Bedeutung:
Der Gefleckte Langflossenaal ist in Australien von wirtschaftlicher Bedeutung. Der Fang erfolgt hauptsächlich mit verschiedenen Reusen. Früher wurde er hauptsächlich als Köder für den Fang von Haien auf Langleinen verwendet. Heute wird der Großteil allerdings nach Ostasien exportiert.
Der Gesamtfang aus der Fischerei betrug in Australien in den 1990er Jahren jährlich durchschnittlich 150 t.

Anguilla rostrata LeSueur, 1817. **Amerikanischer Aal**

Anguilla rostrata. (Foto: B.W. Coad)

Beschreibung:

Rückenflosse kurz, deren Anfang näher zum After als zur Basis der Brustflossen. Distanz zwischen Kiemenspalte und Rückenflosse 18-24 % und zwischen Rückenflosse und After 8-10 % der Gesamtlänge.
Maul klein, Unterkiefer 22-30 % der Kopflänge. Bezahnung der Kiefer (Maxillare und Vomer) in breiten, ungeteilten Bändern. 100-111 Wirbel.
Die Oberseite ist einheitlich graubraun bis schwarzblau und die Unterseite gelbgrau bis weiß gefärbt. Die Jungfische sind meist gelbgrün gefärbt.

Verbreitung:

Dieser Aal kommt im Atlantischen Ozean in Amerika von Grönland über Kanada, USA und Mexiko bis Panamá, sowie den Westindischen Inseln von Kuba bis Trinidad vor (66-5° Nördlicher Breite). Vom St. Lorenzstrom über Penobscot, Connecticut, Hudson, Delaware, Susquehanna, Shenandoah, Potomac, James, Roanoke, Savannah über Apalachicola und Mobile bis Mississippi River. In China und Japan, sowie in Europa wurde er eingeführt.

Lebensweise:
Die Geschlechtsreife wird, im Süden früher als im Norden, meist bei den Männchen mit 5-10 Jahren und bei den Weibchen mit 10-20 Jahren erreicht. Im Durchschnitt sind die Männchen 30-50 cm und die Weibchen 55-85 cm lang.
Die Abwanderung der Blankaale ins Meer erfolgt, im Norden früher als im Süden, von Juli bis Dezember, überwiegend in der Nacht bei Hochwasser. Die Laichwanderung im Meerwasser (ca. 3.000-5.000 km) erfolgt in einer Tiefe von ca. 50-150 m in der Nacht und ca. 450-650 m am Tag, mit einer Geschwindigkeit von etwa 0,3-0,5 m/s.
Das Laichgebiet befindet sich in der Sargassosee östlich der Bahamas und südlich der Bermuda Inseln, im westlichen Atlantischen Ozean zwischen 23-28° Nördlicher Breite und 60-75° Westlicher Länge.
Die Laichzeit erstreckt sich von Februar bis April. Die Eizahl beträgt durchschnittlich etwa 5-20 Mio. Eier je Weibchen. Die Eiabgabe erfolgt in einer Tiefe von 150-250 m bei einer Wassertemperatur von 18-20 °C.
Die Larven driften während 6-12 Monaten mit dem Golfstrom an die amerikanischen Atlantikküsten, wobei sie sich anfangs und am Tag in einer Tiefe von 100-150 m und später und in der Nacht in einer Tiefe von 50-100 m aufhalten. Die Larven schlüpfen im Februar mit 7-8 mm und sind im April 20-25 mm, im Juni 30-35 mm, im September 50-55 mm und im Dezember 60-65 mm lang. Die Metamorphose zum Glasaal beginnt im Alter von 150-200 Tagen. Der Aufstieg in die Flüsse der oft über Jahre weit flussaufwärts erfolgt, im Süden früher als im Norden, vor allem von Dezember bis April, meist in der Nacht bei Springflut, und beginnt bei Wassertemperaturen von über 10-12 °C, bevorzugt bei 14-16 °C. Einige Individuen bleiben im Brackwasser, andere können auch später zwischen Süß- und Brackwasser wechseln. Der Tag und Winter wird relativ inaktiv, im Schlamm eingegraben, verbracht.
Die Nahrung besteht hauptsächlich aus Insekten (*Ablabesmyia, Acroneuria, Caenis, Corydalus, Drunella, Hydatophylax, Hydropsyce, Isonychia, Isoperla, Polycentropus, Pseudochironomus, Psephenus, Thienemanniella)*, Krebsen (*Ampelisca, Balanus, Callinectes, Crangon, Cyathura, Edotea, Gammarus, Leptocheirus, Monoculodes, Oronectes*), Würmern (*Nereis, Pectinaria*), Mollusken (*Ensis, Ferrissia, Gemma, Macoma, Mulinia, Mya, Physa*) und Fischen (*Alosa, Cottus, Fundulus, Notropis, Noturus, Osmerus, Rhinichthys, Salmo, Salvelinus*).
Die Weibchen werden wesentlich größer als die Männchen und nach dem Laichen sterben alle Tiere.
Der Amerikanische Aal kann bis zu 1,5 m lang, 7,3 kg schwer und 45 Jahre alt werden.

Bedeutung:
Der Amerikanische Aal ist in Amerika von großer wirtschaftlicher Bedeutung. So wurden von den Indianern früher die Aale oft gegrillt, und die Haut zum Zusammenbinden von Haaren und Schuhen verwendet. Anfang des 20. Jahrhunderts wurden die Aale auch geräuchert, sowie das Öl unter anderem für medizinische Zwecke verwendet. Heute ist er in Nordamerika jedoch nicht besonders geschätzt, sodass viele Aale nach Europa und Asien exportiert werden.
Der Fang erfolgt vor allem im Herbst, früher hauptsächlich mit unterschiedlichen Speeren und Angeln, heute überwiegend mit verschiedenen Reusen, sowie gelegentlich mit Zug- und Schleppnetzen.
Der Gesamtfang aus der Fischerei betrug jährlich durchschnittlich in den 1950er Jahren 934 t (72,15 % USA und 27,85 % Kanada), 1960er Jahren 1.329 t (57,93 % Kanada und 42,07 % USA), 1970er Jahren 2.130 t (48,79 % Kanada und 51,14 % USA), 1980er Jahren 1.558 t (64,21 % Kanada und 35,79 % USA), 1990er Jahren 1.490 t (65,67 % Kanada, 33,54 % USA und 0,72 % Mexiko), und in den 2000er Jahren 906 t (56,05 % Kanada, 41,93 % USA, 1,58 % Dominikanische Republik und 0,44 % Mexiko).
Von Anfang der 1950er bis Ende der 1990er Jahre wurden jährlich durchschnittlich rund 820 t in Kanada (49,45 % Quebec, 18,64 % New Brunswick, 11,14 % Prince Edward Island, 10,31 % Ontario, 8,01 % New Foundland und 6,93 % Nova Scotia), und 744 t in den USA (35,35 % Virginia, 19,38 % Maryland, 11,45 % North Carolina, 9,29 % New Jersey, 8,88 % New York, 5,54 % Florida, 5,16 % Delaware, 4,54 % Massachusetts, 3,17 % Maine, 2,58 % South Carolina, 1,36 % Rhode Island, 1,22 % Connecticut, 0,50 % Georgia, 0,48 % Louisiana, 0,34 % New Hampshire, und 0,01 % Texas) gefangen.
Die Gesamtproduktion aus der Aquakultur betrug jährlich durchschnittlich in den 1990er Jahren 9 t (100 % Dominikanische Republik).
Ein Teil der Glasaale wird seit den 1970er Jahren nach Asien (Japan und Taiwan), sowie seit den 1990er Jahren auch nach Europa (Niederlande) verkauft und dort aufgezogen. So wurden von den USA und Kanada Anfang bis Mitte der 1970er Jahre jährlich 0,2-1,1 t Glasaale nach Japan und in den 2000er Jahren 0,1-9,5 t nach China (und Hongkong) exportiert. Seit Anfang der 2010er Jahre werden auch von der Dominikanischen Republik sowie Kuba und Haiti jährlich 0,0-2,1 t Glasaale nach Asien exportiert.
Die künstliche Vermehrung des Amerikanischen Aals ist in den 1980er Jahren im Labormaßstab erstmals gelungen.

AQUAKULTUR

Vermehrung

LAICHFISCHHALTUNG:

Bis zu einer Größe von etwa 20-30 cm ist das Geschlecht der Aale noch nicht fixiert. Die Geschlechtsdifferenzierung beginnt beim Europäischen Aal (*A. anguilla*) erst bei einem Körpergewicht von etwa 10 g (15-20 cm) und ist bei einem Körpergewicht von etwa 50 g (30-35 cm) weitgehend abgeschlossen. Bei anderen Aalarten oft noch später (z.B.: *A. reinhardtii* bei 40-75 cm).

Entwicklung der Geschlechtsorgane

beim Europäischen Aal (*A. anguilla*):

(Nach: Müller, 1975)

1.) Bei Aalen mit einer Länge bis etwa 14 cm sind die Gonaden undifferenziert und neutral. Sie ziehen sich an der dorsalen Wand der Leibeshöhle in schmalen Bändern entlang, sind mit einer Seite an der Körperwand befestigt und wirken mit der freien Kante zunehmend gewellt und gelappt. Im histologischen Bild erscheinen große Zellen (Urgeschlechtszellen) die von gewöhnlichen Zellen umgeben sind.
2.) Bei Aalen mit einer Länge von 14-18 cm setzt eine veränderliche Differenzierung der Gonaden ein. Zwischen den Urgeschlechtszellen bilden sich am Außenrand der Gonaden oft Gruppen von Oogonien (Primordialeier), aus denen durch Teilung Oozyten (Eizellen) entstehen können. Die Entwicklung in Richtung Weibchen kann endgültig sein, sie kann aber auch noch später zur Entwicklung von Männchen führen.
3.) Bei Aalen mit einer Länge von 18-30 cm setzt ein juveniles, zweigeschlechtliches Stadium ein. Im zentralen inneren Teil der Gonaden können die Gonozyten eine andere Entwicklung einschlagen und wurmförmige Mengen von Spermatogonien bilden, welche sich zu Spermatozyten umwandeln können. Auch der Samenleiter wird ausgebildet, aber dennoch wird die Oogenese im gleichen Organ nicht unterbrochen. Erst wenn sich die eine Art der Geschlechtszellen weiterentwickelt, bildet sich die andere zurück. Dieser jugendliche Hermaphroditismus stellt allerdings keine echte funktionierende Zwittrigkeit dar, denn die Geschlechtszellen sind noch nicht reif.
4.) Bei Aalen mit einer Länge ab etwa 30 cm, bzw. genauer erst als Blankaal, sind die Gonaden ausdifferenziert und endgültig männlich (m) oder weiblich (w). Während bei den Hoden der Samenleiter (vd) bestehen bleibt, bildet er sich bei den Ovarien zurück.

Phasen der Geschlechtsdifferenzierung
beim Europäischen Aal (*A. anguilla*):
(Nach: Müller, 1975)

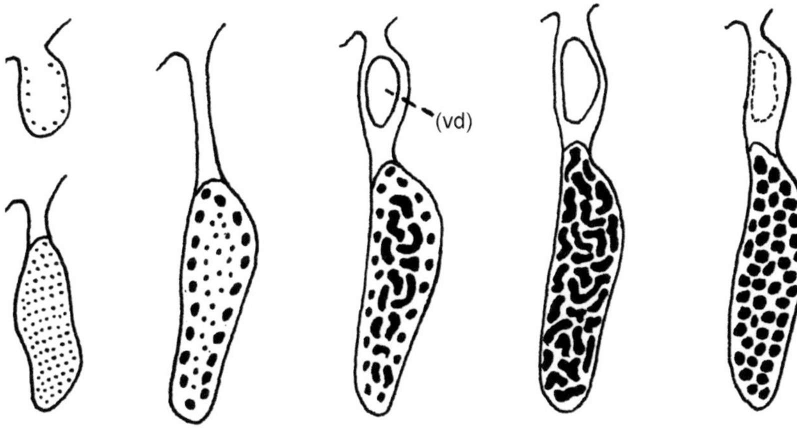

Die Dauer der geschilderten Phasen ist individuell verschieden und eher von der Größe der Aale abhängig als von ihrem Alter. So kann die zweigeschlechtliche Phase sehr ausgedehnt sein oder auch gänzlich entfallen. Mit Sicherheit kann das endgültige Geschlecht also erst bei Blankaalen bestimmt werden.
Der Männchenanteil steigt mit der Wassertemperatur und vor allem mit der Bestandsdichte. Werden aber den Aalen Versteckmöglichkeiten (Rohre) geboten, so sind Weibchenanteil und Wachstumsrate höher. Durch die Verfütterung von 17ß-Östradiol, in einer Dosis von 10 mg/kg Futter über 4 Monate verabreicht, kann ein Großteil der Jungaale (10-40 g) zu Weibchen werden. Eine Verabreichung von Geschlechtshormonen an Tiere, die später für den menschlichen Verzehr verwendet werden könnten, ist in vielen Ländern aber verboten.
Für die Vermehrung werden also am besten Blankaale von Wildfischen aus Naturgewässern oder Mastfischen aus Zuchtanlagen aussortiert. Für die Reifung werden die Blankaale (Männchen über 150 g und Weibchen über 350 g) etwa ab Herbst für 3-4 Monate bei 20-22 °C gehalten, am besten in abgedunkelten Rundbecken bei einer Strömungsgeschwindigkeit von 0,2-0,4 m/s. Die Weibchen müssen in Meerwasser, die Männchen können auch in Süßwasser gehalten werden, wobei sie nicht mehr gefüttert werden. Die Anpassung vom Süßwasser ans Meerwasser erfolgt kontinuierlich über eine Woche.

HYPOPHYSIERUNG:

Die Verwandlung vom Gelbaal zum Blankaal und die Steuerung der Gonadenentwicklung erfolgt über die Schilddrüse (Glandula) und die Hirnanhangdrüse (Hypophyse). So steigt der Gehalt an Tetraiodthyronin (T4) im Blut vom Gelb- zum Blankaalstadium von ca. 1,25 auf ca. 1,75 ng/ml. Mit einer Hypophysierung (Injektion von natürlichen Hypophysen oder künstlichen Hormonanalogen) kann in Gefangenschaft die Endreifung vorverlegt bzw. bei einigen Fischen wie den Aalen überhaupt erst erreicht werden. Durch die Hypophysierung kommt es zum Ansteigen des Gonadotropingehalts im Blut und in der Folge zu einer irreversiblen Reifung der Gonaden. Gonadotrope Hormone wirken aber nicht direkt, sondern indirekt über die Synthese von steroiden Geschlechtshormonen in den Gonaden.
Die Hypophysierung erfolgt intramuskulär, mit (Karpfen- oder Lachs-) Hypophysen (20 mg/kg) bei den Weibchen, bzw. mit Human Chorion Gonadotropin (1.000-1.500 IU/kg) bei den Männchen, aufgelöst in 0,3-1,0 ml physiologischer Salzlösung (0,6-0,9 % NaCl) oder lipophylisierter Gelatineemulsion. Alternativ kann die Hypophysenmenge bei den Weibchen auch von 10 auf 30 mg/kg wöchentlich gesteigert werden.

Anzahl der Hypophyseinjektionen für Aalweibchen
in Abhängigkeit vom Index (GSI bzw. ODI):
(Nach: Okamura et al, 2009)

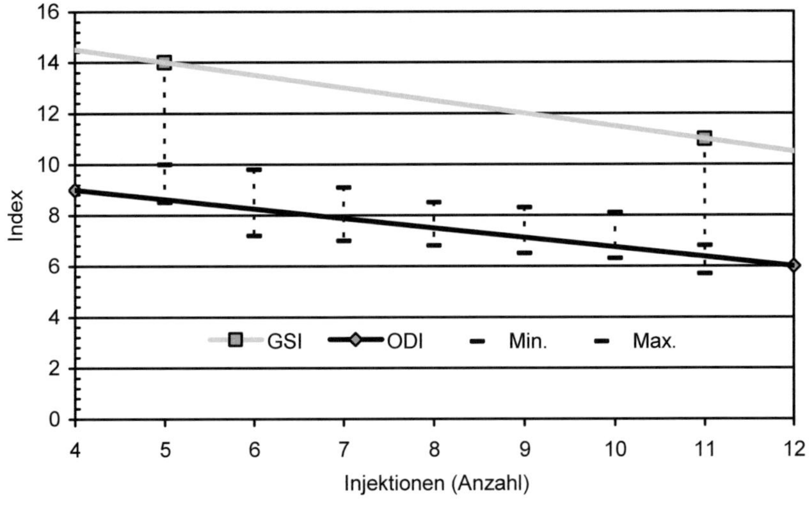

Nach 4-12 Injektionen bei den Männchen bzw. 6-16 Injektionen bei den Weibchen, jeweils im Abstand von 1 Woche, reifen 70-100 % der hypophysierten Blankaale. Die Anzahl der Injektionen hängt vom Gonadosomatischen-Index (GSI) ab, der indirekt mit dem Orbitaldurchmesser-Index (ODI) korreliert. GSI = (Gonadengewicht in g/Körpergewicht in g) x 100. ODI = {[(Vertikaler Orbitaldurchmesser in mm + horizontaler Orbitaldurchmesser in mm)/4]^2 x π/Gesamtlänge in mm} x 100. Für eine erfolgreiche Hypophysierung sollte der GSI >10 und ODI >5 betragen. Der Gonadosomatische-Index bzw. der Orbitaldurchmesser-Index haben aber später keinen Einfluss auf die Eiqualität (Befruchtungs- und Schlupfrate). Wichtig ist, zumindest bei wildgefangenen Aalen, dass diese bereits im Blankaalstadium sind, denn sonst ist die Reiferate gering und die Sterberate hoch. Männchen und Weibchen sollten stets zusammen gehalten werden, da sie so schneller reifen.
Bei den Männchen ist die Spermatogenese dann abgeschlossen und die Spermatozoa sind zur Befruchtung fähig, wobei aber die Bewegungsfähigkeit erst mit der Passage durch den Samenleiter (durch einen pH-Wert von ca. 8 des Seminalplasmas bzw. einer hohen Konzentration von HCO_3^- Ionen im Samenleiter) erreicht wird.
Bei den Weibchen ist die Vitellogenese dann abgeschlossen und die Eizellen haben einen Durchmesser von etwa 0,25-0,75 mm, wobei das Körpergewicht und der Gonadenanteil rasch um mindestens 10 % zunehmen. Auch die Konzentration von Hormonen (17ß-Östradiol und 11-Ketotestosteron) im Blutserum erhöht sich von unter 1-2 ng/ml, wenn sich Dotterkügelchen am peripheren Rand sammeln (Eizellen 0,25-0,30 mm Ø), auf über 5-10 ng/ml wenn der Zellkern zum animalen Pool wandert (Eizellen 0,75-0,80 mm Ø).
Die einmalige intraperitonale Injektion von (2 mg/kg) Dihydroxypregnenon oder Dihydroxyprogesteron (24 h nach der letzten Injektion mit Hypophysen) führt dann nach etwa 12-18 Stunden bei den Weibchen zum Zusammenbruch des Zellkerns und zur Ovulation, wonach das Ei dann auch befruchtungsfähig ist.
Nach der Endreifung können Eier und Sperma dann abgestreift werden. Alternativ kann man die reifen Aale auch in einem Becken mit Meerwasser (Salinität 30-36 ‰, Temperatur 20-25 °C) selbst Ablaichen lassen. Der Anteil der Gonaden am Körpergewicht erreicht bei Vollreife dann bis zu 30 % bei den Männchen (♂) und bis zu 60 % bei den Weibchen (♀).

EIGEWINNUNG:

Zum Abstreifen werden die Aale mit Öl der Gewürznelke (*Syzygium aromaticum*), 1 Tropfen bzw. 0,05 ml/l Wasser, betäubt. Die Anwendung erfolgt als Bad mit Belüftung. Die Fische erholen sich nach der Verbringung in Frischwasser rasch wieder.
Die Weibchen (Rogner) sollten gleich nach der Ovulation abgestreift werden, denn sonst nimmt die Befruchtungsrate schnell ab. Die Eimenge steigt mit der Länge der Weibchen von rund 1 Mio. Stück bei 50 cm auf 8 Mio. Stück bei 100 cm. Im Durchschnitt können etwa 0,3-0,6 kg (ca. 2-4 Mio. Stück) Eier je Kilogramm Körpergewicht gewonnen werden. Die Männchen (Milchner) können nach der Spermination über mehrere Wochen mehrmals zur Spermaabnahme verwendet werden, wobei je Woche durchschnittlich etwa 1-3 ml Sperma/Fisch abgestreift werden können. Die höchste Mobilitätsrate (ca. 50-75 %) der Spermatozoa wird meist 24 Stunden nach der letzten Hormoninjektion erreicht, wobei die Hormoninjektionen nach der Spermination auch über mehrere (bis zu 12) Wochen fortgeführt werden können. Die Dichte der Spermatozoa, welche etwa einen 9 µm langen Kopf und 30 µm lange Geisel besitzen, beträgt durchschnittlich etwa $0{,}9\text{-}1{,}0 \times 10^{10}$/ml Sperma.
Das Sperma kann, ähnlich wie bei Cypriniden, auch gefrierkonserviert werden. Dazu wird das Sperma 1:9 mit einem Verdünner (aus 1.000 mg KCl, 360 mg NaCl, 22 mg $CaCl_2$, 20 mg $NaHCO_3$ und 8 mg $MgCl_2$ in 100 ml Wasser) gestreckt, mit 10 % Methanol als Gefrierschutz versehen und in 0,25 ml Pipetten aufgezogen. Anschließend wird es sofort 4 cm über flüssigem Stickstoff für 3 Minuten eingefroren und dann in flüssigem Stickstoff (bei -196 °C) gelagert. Nach dem Auftauen im Wasserbad (5 Sekunden bei 40 °C) verringert sich jedoch die Mobilität der Spermien um etwa 50 %.
Für die Befruchtung wird das Sperma 1:100 mit Salzwasser (Salinität 30-35 ‰) verdünnt. Anschließend werden sofort je Kilogramm Eier etwa 0,5 Liter dieser verdünnten Spermalösung für die Befruchtung verwendet. Nach anfangs starker Aktivität nimmt die Bewegung der Spermien nach wenigen Minuten deutlich ab. Die Eier bleiben nach der Befruchtung bis zu 4 Stunden im Salzwasser stehen, damit die unbefruchteten Eier absinken und so getrennt werden können. Nach der Quellung haben die pelagischen Eier einen Durchmesser von etwa 1,0-1,5 mm (ca. 150.000-200.000 Stück/kg). Die Befruchtung der Eier sollte maximal 5 Minuten nach dem Abstreifen erfolgen, denn sonst nimmt die Befruchtungsrate (normalerweise etwa 30-60 %) stark ab.

ERBRÜTUNG:

Die Erbrütung erfolgt im Meerwasser (Salinität 30-36 ‰) in 60-70 cm großen Gazezylindern oder Erbrütungsgläsern, die mit 1,5-2,0 l Luft/ Stunde leicht belüftet werden. Die Erbrütungstemperatur beträgt etwa 20-28 °C (optimal 25 °C bei *A. japonica*).
Bei einer Wassertemperatur von 23 °C verläuft die Entwicklung (bei *A. japonica*) etwa wie folgt: nach 1 h – erste Zellteilung, nach 4 h – Morulation, nach 10 h – Gastrulation, nach 20 h – Schließung des Blastoporus, nach 25 h – Bildung des Augenvesikels, nach 38 h – Schlüpfbeginn. Bei einer Wassertemperatur von 18-23 °C verläuft die Entwicklung (bei *A. australis* und *A. dieffenbachii*) etwa wie folgt: nach 1,5 h – erste Zellteilung (danach etwa alle 0,5 h), nach 6 h – Morulation, nach 30 h – Ablösung des Schwanzes, nach 42 h – Schlüpfbeginn.

Embryonalentwicklung der Aale
am Beispiel von *Anguilla japonica*:
(Nach: Tanaka in Aida et al., 2003; Fisheries Research Agency Japan)

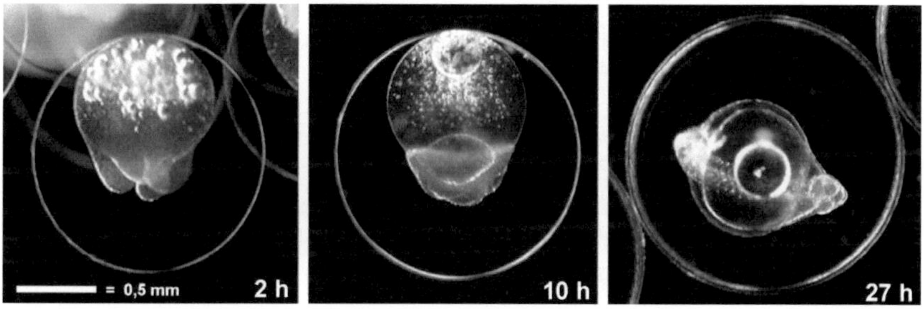

Die Erbrütungsdauer bis zum Schlupf beträgt, bei einer Wassertemperatur von 20-28 °C etwa 24-60 Stunden. Bei der Erbrütung unter Druck (bis zu 15-20 atm mit einer Veränderung von etwa 0,5-1,0 atm/h) schlüpfen die Larven jedoch wesentlich später (Erbrütungsdauer mehr als doppelt so lange) und sind viel weiter entwickelt, als bei der Erbrütung ohne Druck. Bei einer Wassertemperatur von 22-26 °C dauert es nach dem Schlupf etwa 5-7 Tage bis der Dottersack fast aufgezehrt ist und die Anfütterung erfolgen muss, wobei die Aallarven dann etwa 6-7 mm lang sind. Die Erbrütungsverluste betragen etwa 10-50 %.
Eine Triploidisierung ist durch einen 3 Minuten dauernden Temperaturschock bei einer Wassertemperatur von 37 °C (gleich nach der Befruchtung) möglich, wobei die Schlupfrate bei nur etwa 15-17 % und der Anteil triploider Larven bei etwa 83-85 % liegt.

Aufzucht

VORSTRECKEN:

In der Natur ernähren sich die Aallarven überwiegend von den weichen Gallerthüllen und Kotpartikeln der Manteltiere (Larvacea) und Nesseltiere (Hydrozoa), sowie von Strahlentierchen (Radiozoa). In der Aquakultur gelingt die Anfütterung der Larven allerdings auch mit Rädertierchen (Rotatoria) als Naturfutter. Als Kunstfutter eignet sich jedoch am besten für die ersten 2-3 Wochen ein Brei (ca. 30 % Trockensubstanz) aus gefriergetrocknetem Hairogenmehl, der für die anschließenden 6 Monate mit 20 % Sojapeptid bzw. -phytase, sowie 2-5 % Vitamin- und Mineralvormischung angereichert, und bis zur Metamorphose noch mit Krillhydrolysat (anstatt destilliertem Wasser) ergänzt wird. Die Vitaminvormischung enthält die Vitamine A, D, E, K, sowie B und C. Die Mineralvormischung enthält die Mineralien Al, Ca, Cl, Co, Cu, Fe, Na, Mg, Mn, Zn, sowie K und P. Für Krillhydrolysat wird 0,5 kg Krill je Liter destilliertem Wasser homogenisiert, das durch ein 0,2 mm Nylonnetz gefiltert und anschließend bei 60 °C für ½ h inkubiert, bis es zur Verwendung bei -20 °C gefroren und gelagert wird.

Die Anfütterung der Aallarven sollte in möglichst kleinen (Volumen 5-15 l), übersichtlichen Behältern mit konischem Boden erfolgen, die leicht zu reinigen sind. Diese Behälter werden, ausgenommen zur Fütterungszeit, kontinuierlich mit gefiltertem Meerwasser mit einer Temperatur von 20-23 °C versorgt. Die Besatzdichte beträgt anfangs nur etwa 200 Stück Larven/Liter. Die Lichtintensität an der Oberfläche der Behälter wird während der Fütterungsphasen bei 50-100 Lux, jedoch außerhalb der Fütterungsphasen unter 5 Lux gehalten. Die Fütterung erfolgt etwa alle 2 Stunden, indem je 1.000 Larven rund 5 ml des Futterbreis am Boden des Behälters mit einer Pipette eingebracht werden. Bei jeder Fütterungsphase wird für etwa eine Stunde der Wasserzulauf abgestellt und am Ende eines Tages die lebenden Larven mit einem Schlauch in einen neuen Behälter gesaugt und der alte Behälter komplett gereinigt.

Die tägliche Wachstumsrate der Larven beträgt anfangs (bis zum 50. Tag) etwa 0,2-0,3 mm und später (bis zum 100. Tag) etwa 0,1-0,2 mm. Die Larven sind frischgeschlüpft ca. 3 mm, nach 20 Tagen ca. 8 mm, nach 50 Tage ca. 15 mm, nach 100 Tagen ca. 20 mm und nach 200 Tagen ca. 30 mm lang. Nach 270 Tage ist die Metamorphose (bei *A. japonica*) abgeschlossen und die Glasaale haben eine Länge von etwa 50 mm. Die Anfütterungsverluste betragen etwa 50-90 %. Vom Ei bis zum Glasaal betragen die Überlebensraten aber oft nur unter 1 %.

Das Vorstrecken der Glasaale erfolgt meist in Rund- (2-6 m Ø) oder Langstrombecken 1-2x4-8 m), die üblicherweise 0,4-0,8 m tief sind. Das Frischwasser sollte eine gute Qualität aufweisen, daher wird meist Quell- oder Grundwasser verwendet. Der Wasseraustausch sollte dabei etwa 1-2-mal pro Stunde erfolgen. Der Wasserzulauf erfolgt meist über Düsen und das Wasser in den Becken wird oft auch belüftet. Die Aufzuchtbecken werden meist in einem Raum oder unter Dach untergebracht und bei zu kaltem Wasser oder Wetter auf eine Temperatur von 20-25 °C geheizt. Gegen das Entweichen der Aale werden die Ein- und Abläufe mit entsprechenden Sieben (Maschenweite bei Glasaalen 1 mm und bei Satzaalen mit <1 g - 2 mm, <5 g - 3 mm, <7 g - 5 mm, <10 g - 8 mm, <20 g - 10 mm) versehen. Die Becken werden abgedeckt oder sie erhalten zumindest einen 5-10 cm breiten Rand, der nach innen geneigt ist. Im Freien oder bei starkem Spritzwasser kann der Rand aus einem elektrifizierten (Spannung 2 Volt Gleichstrom) Metallstreifen (Kupfer) bestehen. Bei einem senkrechten Freibord von mehr als 1/3 der Körperlänge der Aale, können diese das Becken nicht mehr verlassen. Ab einer Länge von etwa 15-20 cm versuchen die Aale dann aber in der Regel nicht mehr das Becken über die Wände zu verlassen.

Wachstum von Jungaalen (*A. anguilla*)
bei einer Wassertemperatur von 20-23 °C:
(Nach: Angelidis et al., 2005)

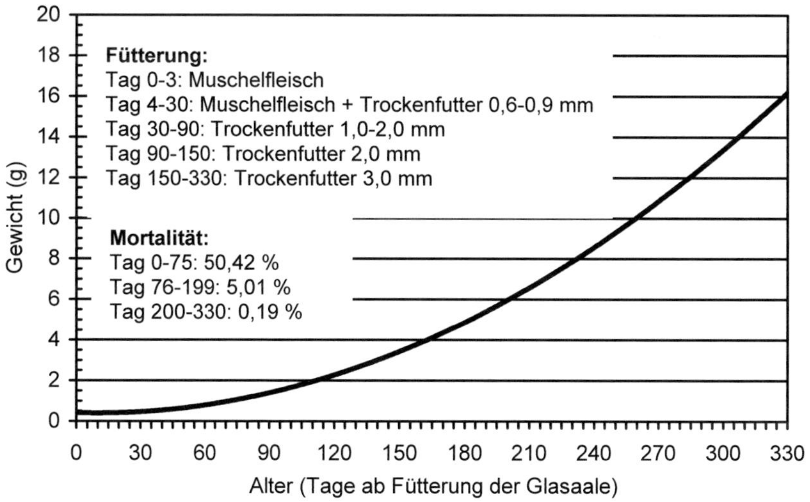

Glasaale im Hälterbecken. (Foto: A. Hartl)

Jungaale beim Fressen von Fischeiern. (Foto: A. Hartl)

TEICHWIRTSCHAFT:

Seit etwa sieben Jahrhunderten wird an der Mittelmeerküste (hauptsächlich Italien, sowie Frankreich und Spanien) in großen Brackwasserlagunen eine extensive Aalproduktion betrieben. An diesen Küstenabschnitten münden zahlreiche Flüsse und Flussarme, sodass natürlicherweise, flache (etwa 1 m tiefe) durch Landzungen voneinander getrennte Lagunen entstanden sind, die vom Menschen künstlich durch Dämme und Deiche in verschieden große, absperrbare Wasserbecken geteilt wurden und über Kanäle mit den Flüssen und dem Meer in Verbindung stehen. Die Glasaale werden dabei im Frühjahr, durch eine Lockströmung über Kanäle, zum Einsteigen in die Lagunenteiche veranlasst. Dort wachsen sie mit Naturnahrung im Verlauf von 5-10 Jahren heran. Die Blankaale werden dann im Herbst, durch eine Meerwassereinleitung in stationäre, reusenartige Fangkammern gelockt, welche die Ablaufkanäle versperren. Auf diese Weise lassen sich Jahreserträge von 5-25 kg/ha ohne zusätzlichen Besatz, bzw. 30-50 kg/ha mit zusätzlichem Besatz, erzielen. Bei der Zufütterung mit Fischabfällen können die Jahreserträge sogar bis über 100-150 kg/ha erreichen.

Brackwasserlagune für die Aalproduktion. (Foto: M. Hochleithner)

Ablaufkanal aus Lagunenteichen mit Fangvorrichtung. (Foto: M. Hochleithner)

Reusenartige Fangvorrichtung in einem Ablaufkanal. (Foto: M. Hochleithner)

Seit über einem Jahrhundert wird in Ostasien (hauptsächlich Japan, sowie China, Taiwan und Korea) in kleinen Süßwasserteichen eine intensive Aalproduktion betrieben. Um ein Entweichen oder Eingraben der Aale zu vermeiden, haben die oft rechteckigen Teiche meist gemauerte oder betonierte Wände, mit einem Freibord von mindestens 20-40 cm. Um Temperaturschwankungen zu minimieren, sind diese Teiche gelegentlich auch unter einer Gewächshausfolie untergebracht. In solchen Teichen erfolgt die Fütterung meist mit Nass- oder Trockenfutter. Die Glasaale werden in Vorstreckteiche mit etwa 10-50 m^2 (Wassertiefe 0,4-0,6 m), die Satzaale in Aufzuchtteiche mit etwa 100-500 m^2 (Wassertiefe 0,6-0,8 m), und die Speiseaale in Mastteiche von etwa 1.000-5.000 m^2 (Wassertiefe 0,8-1,2 m) gesetzt.
Stillwasserteiche sind dabei meist größer als Durchflussteiche. Der Frischwasserbedarf beträgt etwa 4-6 m^3/kg Futter. In Stillwasserteichen, wo etwa 5-10 % des Wasservolumens pro Tag ausgetauscht wird, beträgt die Besatzdichte im Vorstreckteich etwa 0,2-0,4 kg/m^2 an Glasaalen, im Aufzuchtteich etwa 0,5-1,5 kg/m^2 an Satzaalen, und im Mastteich etwa 1-4 kg/m^2 an Speiseaalen. In Durchflussteichen, wo etwa 10-20 l/s an Frischwasser je Tonne Fischbestand zugeführt wird, beträgt die Besatzdichte etwa das 5-10fache der Besatzdichte von Stillwasserteichen. In Stillwasserteichen, wo meist nur das Wasser von Versickerung und Verdunstung ersetzt wird, erfolgt meist keine Belüftung, außer in der Nacht, stattdessen wird die Phytoplankton-entwicklung durch Düngung und Kalkung gefördert, was auch zu einer gewünschten Reduzierung der Sichttiefe (auf 20-30 cm) und Sonnen-einstrahlung führt. Der Bestand an Zooplankton, welcher oft zu 35-70 % aus Rotatorien besteht, wird möglichst kurz gehalten und sollte im Sommer 1-3 % des gesamten Planktonbestandes nicht überschreiten, da es sonst zur Reduzierung des Phytoplanktons und in der Folge zu Sauerstoffdefiziten – vor allem während der Nacht – kommen kann. Ein guter Bestand an Phytoplankton lässt sich auch an einer grünen anstelle einer braunen Farbe des Teichwassers erkennen. Günstig sind Algenblüten der Arten *Chrococcus, Microcystis* und *Scenedesmus.* Ungünstig sind Algenblüten der Arten *Anabaena, Oscillatoria* und *Pediastrum.* Diese können den Appetit der Aale stark reduzieren und sollten daher durch Frischwasserzufuhr kurz gehalten werden. Zur Reduktion des Rotatorienbestandes wird am besten an bewölkten Tagen Kupfersulfat (2-4 ppm $CuSO_4$) oder Hydratkalk (200 ppm $Ca[OH]_2$) auf die Teichfläche aufgebracht. Zur Vernichtung des Krebsplanktonbestandes kann Phosphorsäureester (0,4-0,6 ppm Dipterex oder Masoten) verwendet werden.

Saisonelle Zusammensetzung des Planktons
in japanischen Aalteichen:
(Nach: Matsui, 1984)

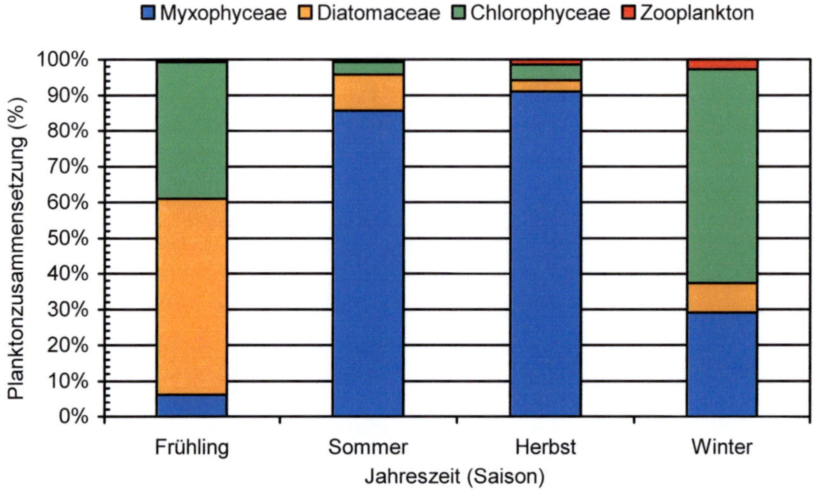

Gelegentlich werden auch kleinere, sogenannte Ruhebecken in die Teiche eingebaut, die mit dem eigentlichen Produktionsteich in Verbindung stehen. In diesen Ruhebereichen erfolgt dann notfalls eine Frischwassereinleitung oder Belüftung und die Aale suchen bei ungünstigen Umweltbedingungen diese Bereiche auf, wo sie oft auch leichter abgefischt werden können.

Besatz und Abfischung erfolgt bei einer Wassertemperatur über 12-14 °C, denn sonst stellen die Aale die Nahrungsaufnahme ein bzw. ziehen sich zur Überwinterung in den Boden zurück. Die Abfischung erfolgt am besten in der Nacht, mit einem Zugnetz vor dem Mönch oder einem Abfischkasten hinter dem Mönch. Nach der Abfischung im Herbst wird der überschüssige Schlamm, welcher am besten zu 5-15 % aus organischer Substanz und 35-45 % aus Sand besteht, bis auf 5-10 cm aus dem Teich entfernt und der Teichboden üblicherweise gekalkt, bevor er über den Winter einige Zeit trocken liegt.

Je nach Besatz- und Marktgröße sowie Wassertemperatur und Fütterungsrate, erreichen die Aale nach 1-3 Jahren die Speisefischgröße. Die Verluste betragen etwa 10-20 % bei Satzaalen und 5-10 % bei Speiseaalen bzw. vom Glasaal bis zum Speiseaal etwa 40-60 %. Der jährliche Ertrag liegt meist bei 1-10 t/ha in Stillwasserteichen und 10-100 t/ha in Durchflussteichen.

Kunststoffbecken für die Aalaufzucht. (Foto: M. Hochleithner)

Betonteiche für die Aalproduktion. (Foto: M. Hochleithner)

NETZGEHEGE:

Vor allem in Asien (Japan) werden Aale gelegentlich auch in Netzgehegen produziert, sowohl im Süß- als auch im Salzwasser. Diese Gehege haben meist eine Fläche von 4-25 m^2 (2x2 bis 5x5 m). In natürlichen Gewässern mit flachem Epilimnion sollte die Netztiefe nicht mehr als 1-2 m betragen, damit sich die Fische stets in der warmen, sauerstoffreichen Oberflächenschicht aufhalten. Zwischen Netzboden und Gewässergrund sollte ein Abstand von mindestens 1 m bestehen. Die Maschenweite muss der Aalgröße angepasst sein und beträgt bei einem Körpergewicht von 25 g etwa 4 mm. Die Besatzdichte von Gehegen entspricht dabei etwa der von Becken, wobei eine Produktion von durchschnittlich 50 kg/m^2 und Saison erreicht werden kann.
Wo Warmwasser (Abwärme) kostengünstig zur Verfügung steht, kann die Aufzucht und Produktion von Aale auch gut in Becken oder Teiche eingehängten Netzgehegen (im Durchfluss) erfolgen. Ein ähnliches „Teich-im-Teich“ System kann auch durch das Einbringen von schwimmenden oder stehenden, 1-3 m breiten, länglichen Rinnen aus Kunststoff oder Beton in größeren Teichen hergestellt werden, wobei die Wasser-zirkulation und Sauerstoffanreicherung in den Rinnen durch Mammut-pumpen oder Schaufelradbelüfter erfolgt. Alternativ kann auch ein kleinerer Teich als Produktionsteich und ein daneben liegender größerer Teich als Reinigungsteich genutzt werden, wobei das Verhältnis Produktionsteich zu Reinigungsteich etwa 1:10 betragen sollte und das Wasser zwischen den Teichen zu pumpen und zu belüften ist. Auch ein Teilkreislauf, wo bis zu 80 % des Wassers nach einer mechanischen, sowie eventuell biologischen, Reinigung und Sauerstoffanreicherung wieder verwendet wird, ist möglich.
Fische aus Naturteichen und Kreislaufanlagen haben oft einen schlammig-modrigen Geruch bzw. Geschmack, welcher im Gewässer durch Stoffwechselprodukte verschiedener Mikroorganismen wie Algen, Bakterien und Pilze hervorgerufen wird, die überwiegend über die Kiemen aufgenommen und im Fettgewebe gespeichert werden. Daher sollten die Fische vor der Schlachtung unbedingt in Becken oder Gehegen mit sauberem Frischwasser (Quell- oder Grundwasser) gehältert werden. Dabei werden die Aale auf eine Wassertemperatur von 10-20 °C heruntergekühlt, ausgenüchtert und mindestens 2-4 Wochen gehalten. Bei Wasser-temperaturen von über 15 °C ist dabei auch eine Zufütterung möglich, wobei die Geschmacksbeeinträchtigung schneller zurückgeht und der Gewichtsverlust meist ausgeglichen werden kann.

KREISLAUFANLAGEN:

Die Fischzucht konkurriert mit anderen Nutzern um begrenzte und damit teure Produktionsfaktoren, wie Wasser und Land. Land wird zur Anlage von Teichflächen zur extensiven Haltung in erheblichem Maße benötigt. Forderungen der Umweltgesetzgebung grenzen die natürlichen Möglichkeiten der Fischproduktion immer mehr ein. Bereits existierende Fischzuchtanlagen sehen sich mit Auflagen zur Reinigung des Ablaufwassers konfrontiert. Aus all diesen Gründen wird seit etwa drei Jahrzehnten die Entwicklung intensiver, wassersparender und umweltunabhängiger Verfahren der Fischproduktion vorangetrieben.
Für die Fischproduktion im geschlossenen Wasserkreislauf (Kreislaufanlagen) müssen in einem sehr stark begrenzten Volumen alle Prozesse ablaufen, die in einem natürlichen Wasserkörper auch ablaufen. Daher muss die Kreislaufanlage dieselben Aufgaben erfüllen, wie der Teich als Ökosystem. Ziel der technischen Lösungen ist es, die Prozesse kontrolliert ablaufen zu lassen. Dafür bieten sich neben der Regulation der umlaufenden Wassermenge, die Manipulation des Gas- und Kalkgehaltes, ebenso wie die Entfernung von Feststoffen an. Zum Zweck der Kontrollierbarkeit der Einzelprozesse werden die verschiedenen Funktionsbereiche meist räumlich getrennt.
Die Nachteile dieser Verfahren liegen in den hohen technischen Anforderungen an Betreiber und Personal, sowie den relativ hohen Investitions- und Betriebskosten. Die Vorteile liegen vor allem im geringen Bedarf an Land und Wasser, sowie einer umwelt- und standortunabhängigen Produktion.
Das Ablaufwasser aus den Fischbecken, welches mit den Stoffwechselprodukten der Fische belastet ist, wird vorerst physikalisch durch Sedimentationseinrichtungen (wie Wirbelseparator oder Lamellenabscheider) bzw. besser mechanisch durch Siebfilterverfahren (wie Band-, Scheiben- oder Trommelfilter) vorgereinigt. Anschließend wird es mit biologischen Klärverfahren aufbereitet, mit Sauerstoff angereichert und zu über 90 % wieder verwendet. Beim Vorgang der biologischen Reinigung (Nitrifikation) wird von Bakterien unter aeroben Bedingungen der Stickstoff von Ammonium und Ammoniak zu Nitrit und Nitrat oxidiert. Kreislaufanlagen werden überwiegend in Gebäuden installiert und die Kontrolle der Wassertemperatur erfolgt oft über die Raumtemperatur. Das technische Risiko (durch Stromausfall und Motordefekte etc.) lässt sich durch Notstromaggregate und doppelt vorhandene Pumpen etc., sowie verfügbaren Reinsauerstoff- und Frischwassereinsatz minimieren.

Kreislaufanlage für Satzaale. (Foto: M. Hochleithner)

Kreislaufanlage für Speiseaale. (Foto: M. Hochleithner)

Verwendet werden können Becken jeder Art und Größe, gebräuchlich sind meist Rund- oder Langstrombecken mit 5-50 Kubikmeter Volumen. Sie sollten weitgehend selbstreinigend, vom Wasserkreislauf zu trennen und einzeln ablassbar sein. Die Dimensionierung der Rohre steht im direkten Verhältnis zur Wassermenge (Wasserumwälzung 1-2-mal/h bzw. besser 20-40 m^3/kg Futter und Tag) und sollte eine Reserve von mindestens 20 % beinhalten. Eiweißabschäumung und UV-Desinfektion kann auch im Bypass über den etwa 10 % der Wassermenge geführt wird, erfolgen. Das unproduktive Wasservolumen (Zulauf, Ablauf, Speicher etc.) beträgt oft 10-40 % des Gesamtvolumens der Anlage.
Die Feststoffentfernung und der Spülwasserverbrauch von Siebfilterverfahren sind wesentlich von der Maschenweite des Filtergewebes abhängig (siehe auch Tab.). Bei einer Konzentration an Feststoffen von bis zu 25 mg/l kann mit einer Reinigungsleistung von etwa 1,0-1,4 m^3 Wasser/Minute je m^2 Filterfläche bei einer Maschenweite von 40-60 µm, gerechnet werden.

Reinigungsleistung eines Trommelfilters
in Abhängigkeit von der Maschenweite:

Maschenweite µm	**30**	**60**	**100**
Spülwasser l/kg Futter	**200**	**100**	**50**
Feststoffe %	99	48	21
CSB %	92	54	20
Stickstoff %	100	49	24
Phosphor %	100	91	47

Für die Nitrifikation benötigen die Bakterien zur Ansiedlung ein Substrat, das meist in Form von Kunststoffgebilden mit einer besiedelbaren Oberfläche von 300-900 m^2/m^3 eingesetzt wird. Da sich der für die Nitrifikation, also den Abbau von Ammonium über Nitrit zu Nitrat, nötige Bakterienrasen erst mit der Zeit entwickelt, sollte die Anlage langsam „eingefahren" werden. In Kreislaufanlagen steigt während der Einarbeitungsphase der Ammonium-, Nitrit- und Nitratgehalt (bei 23 °C) in der ersten, zweiten bzw. dritten Woche stark an, um anschließend Normalwerte zu erreichen. Daher sollte in der Einarbeitungsphase die Anlage (2-4 Wochen) ohne Fische aber mit 50-100 % der beabsichtigten Futtermenge eingearbeitet bzw. angefahren werden. Durch beimpfen mit Bakterienschlamm aus einem anderen Kreislaufsystem, oder besser einer reinen Bakterienkultur, kann die Einarbeitungsphase etwas verkürzt werden.

Nach und nach entwickelt sich dann auf dem Filtermaterial ein Bakterienrasen (*Nitrosomonas sp., Nitrobacter sp.* und *Nitrospira sp.*), der die Nitrifikation ermöglicht. Die Bakteriendichte und damit die Abbauleistung ändern sich dann mit dem Nahrungsangebot. Daher sollte der Fischbestand bzw. die Futtermenge im System auch keinen großen bzw. schnellen Schwankungen unterliegen. Die Fütterung der Fische sollte zur kontinuierlichen Belastung bzw. Versorgung über Futterautomaten erfolgen. Vom Stickstoff aus dem Futter wird etwa 30-40 % im Fisch als Wachstum umgesetzt und gespeichert, 50-55 % über die Kiemen und 8-12 % über den Kot (ca. 50-60 % partikulär absetzbar) ausgeschieden. Die gesamte Ammonium-Stickstoffproduktion (NH_4-N) zur Berechnung der Oberfläche des Biofilters beträgt daher 30-50 g/kg Futter. Der Biofilter ist für den Abbau einer bestimmten maximalen Ammoniumausscheidung (bzw. Futtermenge) ausgelegt. Je nach Eiweißgehalt (Rohprotein) im Futter steigt bzw. sinkt die Stickstoffausscheidung und damit die mögliche Futtermenge, die verfüttert bzw. abgebaut werden kann. Je geringer der Eiweißgehalt im Trockenfutter ist, desto mehr Futter kann daher auch in der Anlage verfüttert werden.

Trockenfuttermenge und Stickstoffanteil
in Abhängigkeit vom Eiweißgehalt:

Proteingehalt %	**30**	**35**	**40**	**45**	**50**
Futtermenge %	**135**	**120**	**100**	**88**	**70**
Stickstoff g/kg Futter	48	53	64	72	80
Nitrat g/kg Futter	106	117	142	160	177

Die Abbaurate von Ammonium hängt wesentlich von Wassertemperatur, Sauerstoffkonzentration, Ammoniumgehalt, Schwebstoffgehalt und anderem mehr ab. Bei einer Wassertemperatur von 25 °C und einem Sauerstoffgehalt von 8 mg/l (100 % Sättigung), sowie 2,2 mg/l Ammoniumstickstoff beträgt die Abbaurate limitiert durch Diffusion bzw. Metabolismus max. 0,7 g/m^2 und Tag. Bei einer Wassertemperatur von 20-25 °C rechnet man (im Fließbett in Süßwasser) mit einer täglichen Abbauleistung von rund 0,4-0,6 g NH_4-N/m^2 besiedelbarer Oberfläche. Bei Wassertemperaturen unter 20 °C sinkt die Abbauleistung der Bakterien je 5 °C um etwa 50 % und die Futtermenge muss entsprechend angepasst werden. Im Fließbett kann 60-80 % des Filtervolumens mit Filtermaterial geschüttet werden. Im Festbett bzw. genauer im Tropfkörper muss mit verringerter Reinigungsleistung bzw. mehr Filtermaterial (von 20-40 %) gerechnet werden.

Bei der Verfütterung von hitzebehandeltem Fischmehl kommt es oft zu Verfärbungen des Kreislaufwassers, dies kann durch eine Bestrahlung mit ultraviolettem Licht (254 nm) oder Behandlung mit Ozon (O_3) reduziert werden. Durch die geringe Reaktionszeit eignet sich Ozon besonders für die Wasseraufbereitung (Desinfektion, Oxidation) und Verbesserung der Nitrifikation. Die Dosis beträgt, je nach Fütterung und Wasserbelastung, etwa 15-25 g O_3/kg verwendetem Futter oder ca. 2,0 g O_3/g CSB. Zur genauen Dosierung eignet sich die Kontrolle über das Redoxpotential. Besonders zu beachten ist, dass Ozon auch bei sehr niedrigen Konzentrationen (von 0,01 mg O_3/l) noch für viele Lebewesen toxisch ist. Die Vernichtung des Restozons kann durch UV-Bestrahlung, verlängerten Reaktionszeiten oder Wasserstoffperoxyd u.a.m. erfolgen.
Um den Nitratgehalt im Kreislaufwasser zu reduzieren ist (je nach Futter und Denitrifikation) ein Frischwasserbedarf von 200-400 Liter/kg Futter nötig, welcher am besten über ein Schwimm- und/oder Magnetventil in den Fischbecken erfolgt.
Durch eine Denitrifikation, welche von Bakterien unter anaeroben Bedingungen von Nitrat über Nitrit zu gasförmigen Stickstoffverbindungen (N_2, N_2O, NO) erfolgt, kann der Nitratgehalt verringert, der pH-Wert erhöht und der Frischwasserbedarf in Kreislaufanlagen weiter um rund 50 %, auf bis zu 100 Liter/kg Futter, verringert werden. Für die Denitrifikation kann Substrat aus Kunststoff oder Holzpellets verwendet werden, wobei die Denitrifikationsrate bei etwa 1.320-1.360 g/m^3/Tag beträgt. Holzpellets müssen jedoch etwa jährlich ausgetauscht werden. Da sich die denitrifizierenden Bakterien hauptsächlich von organischem Kohlenstoff (Carbon) ernähren, sollte in diesem Fall dem System Methanol (CH_3OH) als Kohlenstoffquelle (etwa 3,4-3,6 mg je CSB) oder 50-100 g hydrolysierte Getreidestärke je kg Futter zugeführt werden.
Bei der Oxidation von 1,0 g Ammonium wird etwa 4,34 g Sauerstoff und 7,14 g Kalk verbraucht, und gleichzeitig 0,21 g Bakterienzellen, 4,43 g Nitrat und 1,98 g Säure produziert. Da von den nitrifizierenden Bakterien also etwa 7,14 g Kalk ($CaCO_3$) je Gramm oxidiertem Gesamt Ammonium-Stickstoff (NH_4-N) verbraucht wird, muss dem System (je nach Frischwasser) zur Stabilisierung des pH-Wertes wieder Kalk zugeführt werden, was am einfachsten über Gesteinskalk, Kalziumkarbonat oder Sodiumbikarbonat erfolgt. Durch die Zugabe von Hydratkalk ($Ca[OH]_2$) in einer Dosis von etwa 1,68 mg/l zum Kreislaufwasser kann der Gehalt an freiem Kohlendioxid um 1 mg/l reduziert und der pH-Wert erhöht werden. Zur Stabilisierung des pH-Werts auf 6,5-7,5 kann daher auch Hydratkalk in einer Dosis von etwa 90-110 kg/t Zuwachs verwendet werden.

Prozentualer Anteil von Ammoniak an Ammoniumkonzentrationen
in Abhängigkeit von pH-Wert und Temperatur
(Nach: Emerson in Steffens et al., 1981)

°C	pH-Wert								
	6,0	**6,5**	**7,0**	**7,5**	**8,0**	**8,5**	**9,0**	**9,5**	**10,0**
0	0,0083	0,0261	0,083	0,261	0,82	2,55	7,64	20,7	45,3
1	0,0090	0,0284	0,090	0,284	0,89	2,77	8,25	22,1	47,3
2	0,0098	0,0309	0,098	0,308	0,97	3,00	8,90	23,6	49,4
3	0,0106	0,0336	0,106	0,335	1,05	3,25	9,60	25,1	51,5
4	0,0115	0,0364	0,115	0,363	1,14	3,52	10,3	26,7	53,5
5	0,0125	0,0395	0,125	0,394	1,23	3,80	11,1	28,3	55,6
6	0,0136	0,0429	0,135	0,427	1,34	4,11	11,9	30,0	57,6
7	0,0147	0,0464	0,147	0,462	1,45	4,44	12,8	31,7	59,5
8	0,0159	0,0503	0,159	0,501	1,57	4,79	13,7	33,5	61,4
9	0,0172	0,0544	0,172	0,542	1,69	5,16	14,7	35,3	63,3
10	0,0186	0,0589	0,186	0,586	1,83	5,56	15,7	27,1	65,1
11	0,0201	0,0637	0,201	0,633	1,97	5,99	16,8	38,9	66,8
12	0,0218	0,0688	0,217	0,684	2,13	6,44	17,9	40,8	68,5
13	0,0235	0,0743	0,235	0,738	2,30	6,92	19,0	42,6	70,2
14	0,0254	0,0802	0,253	0,796	2,48	7,43	20,2	44,5	71,7
15	0,0274	0,0865	0,273	0,859	2,67	7,97	21,5	46,4	73,3
16	0,0295	0,0933	0,294	0,925	2,87	8,54	22,8	48,3	74,7
17	0,0318	0,101	0,317	0,996	3,08	9,14	24,1	50,2	76,1
18	0,0343	0,108	0,342	1,07	3,31	9,78	25,5	52,0	77,4
19	0,0369	0,117	0,368	1,15	3,56	10,5	27,0	53,9	78,7
20	0,0397	0,125	0,396	1,24	3,82	11,2	28,4	55,7	79,9
21	0,0427	0,135	0,425	1,33	4,10	11,9	29,9	57,5	81,0
22	0,0459	0,145	0,457	1,43	4,39	12,7	31,5	59,2	82,1
23	0,0493	0,156	0,491	1,54	4,70	13,5	33,0	60,9	83,2
24	0,0530	0,167	0,527	1,65	5,03	14,4	34,6	62,6	84,1
25	0,0569	0,180	0,566	1,77	5,38	15,3	36,3	64,3	85,1
26	0,0610	0,193	0,607	1,89	5,75	16,2	37,9	65,9	85,9
27	0,0654	0,207	0,651	2,03	6,15	17,2	39,6	67,4	86,8
28	0,0701	0,221	0,697	2,17	6,56	18,2	41,2	68,9	87,5
29	0,0752	0,237	0,747	2,32	7,00	19,2	42,9	70,4	88,3
30	0,0805	0,254	0,799	2,48	7,46	20,3	44,6	71,8	89,0

Da der Anteil an fischtoxischem, freiem Ammoniak (NH_3) an der Ammoniumkonzentration (NH_4) wesentlich vor allem vom pH-Wert, aber auch von Wassertemperatur und Salinität abhängt, sind generell pH-Werte von 6,5-7,5 zu empfehlen (siehe auch Tab.).
Eine normale Ausscheidung (Exkretion) des beim Eiweißabbau entstehenden Ammoniumstickstoff über die Kiemen ist nur möglich, wenn der pH-Wert des Wassers gleich oder kleiner als jener des Blutes (pH 7,3-7,5) der Fische ist. Unter diesen Bedingungen diffundiert Ammonium ungehindert aus dem Blut ins Wasser, selbst gegen höhere Ammoniumgehalte. Ist aber der pH-Wert des Wassers höher als der des Blutes, wird mit steigendem pH-Wert die Diffusion des Ammoniums aus dem Blut bis zur vollständigen Blockade (pH 10,5) vermindert. Ist der pH-Wert im Wasser höher als der des Blutes und tritt gleichzeitig auch Ammonium im Wasser auf, so nimmt mit steigendem pH-Wert auch der Anteil des giftigen Ammoniaks zu. Die Ammoniumausscheidung aus den Kiemen ist dabei zunehmend nicht mehr möglich und es diffundiert Ammoniak aus dem Wasser über die Kiemen ins Blut. In beiden Fällen erfolgt eine Akkumulation im Fisch und es kann zu einer Kiemennekrose und schließlich zu einer Ammoniakvergiftung kommen. Als Grenzwert gelten etwa 0,02 mg NH_3-N/l.
Die Toxizität von Nitrit (NO_2) hängt ebenfalls von der Zusammensetzung des Wassers, insbesondere von der Chloridkonzentration (Cl-) im Wasser ab. Dieser Effekt beruht auf einer Konkurrenz zwischen Chlorid und Nitrit um die Aufnahme über die Kiemen. Der pH-Wert scheint im Bereich zwischen 5-10 wenig Einfluss auf die Toxizität von Nitrit zu haben. Bei Schädigungen durch NO_2, welche sich durch bräunliche Kiemen und Methämoglobinämie äußert, kann 25 mg/l Kalziumchlorid ($CaCl_2$) oder 250 mg/l Kochsalz (NaCl) zur Therapie eingesetzt werden. Freies Chlor lässt sich durch die Zugabe von Natriumsulfid (Na_2S) in einer Dosis von 0,2-0,3 mg/l sofort entfernen.
Um Verlusten vorzubeugen, sollte die Wasserqualität (Sauerstoff, Temperatur, pH-Wert) stets mit Messgeräten mit integriertem oder angeschlossenem Alarm- und Regelsystem überwacht werden.
Für die Sauerstoffanreicherung muss damit gerechnet werden, dass auch die Bakterien für die Nitrifikation einen hohen Sauerstoffbedarf haben (etwa 200-300 g/kg Futter bzw. das 4-5-fache der Nitrifikationsrate). Pro Tag rechnet man mit einer organischen Fracht von 2-4 g BSB_5 je Kilogramm Fischbestand bzw. besser 150-180 g BSB_5 je Kilogramm Futter. Je Gramm verbrauchten Sauerstoff wird dann etwa 1,2-1,4 g Kohlendioxid (CO_2) ausgeschieden.

Der individuelle Sauerstoffverbrauch der Aale steigt generell mit dem Körpergewicht, der Wassertemperatur und der Aktivität, und ist im Winter meist geringer als im Sommer. Der Sauerstoffverbrauch sinkt allerdings auch mit dem Sauerstoffgehalt von 3 auf 1 mg/l um 10-20 %. Für den Aktivitätsstoffwechsel beträgt der Sauerstoffbedarf bei einer Wassertemperatur von 25-27 °C etwa 900-600 mg/kg/h für Aale von 2-5 g, 500-200 mg/kg/h für Aale von 20-50 g und 300-150 mg/kg/h für Aale von 200-500 g Stückgewicht. Der Sauerstoffgehalt sollte in allen Produktionsbereichen daher stets über 5 mg/l liegen, da sonst die Wachstumsrate und Futterverwertung sinken. Bei Sauerstoffgehalten unter 1 mg/l kommen Aale zur Notatmung an die Wasseroberfläche.
Die Atemfrequenz steigt mit abnehmendem Sauerstoffgehalt und zunehmender Temperatur, bei 4-34 °C von 10 auf 90 Atembewegungen pro Minute, und beträgt bei 20 °C rund 50 Atembewegungen pro Minute. Im Wasser wird der Sauerstoffbedarf etwa zu 90 % über die Kiemen und 10 % über die Haut gedeckt. In der Luft kann auch durch ein dichtes unter der Haut liegendes Kapillarsystem Sauerstoff aufgenommen und Kohlendioxyd abgegeben werden. Aale können bei einer Temperatur unter 15 °C auf diese Weise alleine durch die Hautatmung überleben, sofern die Haut feucht ist.

Sauerstoffverbrauch des Aals,
bei einer Wassertemperatur von 15-25 °C:
(Nach: Matsui, 1984; Steffens, 1981)

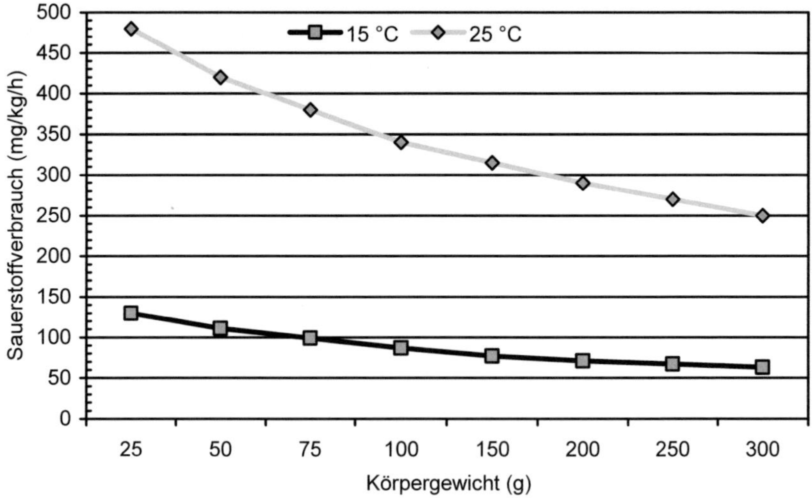

Im Wasser sind neben Sauerstoff auch andere Gase (wie Stickstoff und Kohlendioxid) gelöst, die sich prinzipiell gegenseitig verdrängen können. Wichtig neben der Sättigung einzelner Gase ist dabei die Gesamtgassättigung, die eine Aussage darüber gibt, wie stark das Wasser insgesamt mit Gasen gesättigt ist. Erwärmt sich ein im Gasdruckgleichgewicht befindliches Wasser um 1-2 °C so kann es bereits zu einer Gesamtgasdruckerhöhung um knapp 2-5 % kommen. Wird dann noch Sauerstoff (O_2) verbraucht, so wird das Gasdruckgleichgewicht gestört und es kann zu fischtoxischen Übersättigungen mit Stickstoff (N_2) kommen. Stickstoff kann schon bei geringer Übersättigung schädlich sein. Damit sich keine Gasbläschen im Blut bilden, muss der Fisch für den Ausgleich für jedes Prozent Gasübersättigung etwa 10 cm tiefer schwimmen. Auch wegen der hohen Löslichkeit von Kohlendioxid (CO_2) im Wasser, sollte dies daher entgast und belüftet werden. Dazu eignet sich besonders eine locker gefüllte Füllkörpersäule. In Tropfkörpern kann bei einer hydraulischen Flächenbelastung von 2-3 $m^3/m^2/h$ je Meter Füllhöhe mit einer Sauerstoffanreicherung um etwa 2 mg/l gerechnet werden. Zur Erhöhung des Gasaustausches (O_2, CO_2, N_2) um bis zu 50 % kann die Füllkörpersäule in einem Verhältnis Luft:Wasser von mindestens 5:1 zwangsbelüftet werden. Um die Ansammlung von Kohlendioxid im Raum zu vermeiden, sollte auch dem Raumklima (Belüftung) besondere Aufmerksamkeit geschenkt werden.

Aale vertragen generell Wassertemperaturen von 4-34 °C, wobei das Temperaturoptimum für das Wachstum für *A. anguilla*, *A. japonica, A. rostrata* bei 23-25 bzw. 25-27 bzw. 27-29 °C liegt und die höheren Werte für jüngere bzw. kleinere Aale und die niedrigeren Werte für ältere bzw. größere Aale gelten. Bei Wassertemperaturen unter 20 °C sinkt die Zuwachsrate drastisch ab, um bei 15 °C nahezu zu stagnieren. Aale vertragen generell schwankende Wassertemperaturen schlecht. Plötzliche Temperaturschwankungen von mehr als 4 °C können bereits zu Wachstumsrückgang und Schädigungen führen. Die Temperaturanpassung sollte stets langsam erfolgen und bei Glasaalen nicht mehr als 2-4 °C und bei Satzaalen nicht mehr als 4-8 °C pro Tag betragen. Der Wärmeverlust bzw. -bedarf in Kreislaufanlagen beträgt je nach Isolation und Oberfläche etwa 1-3 Watt/l je 5 °C Temperaturdifferenz.

Aale vertragen einen weiten Salinitätsbereich (0-40 ‰), und wachsen im Salzwasser bzw. Brackwasser (bis 25 ‰) oft besser als im Süßwasser.

Da Aale besonders in Kreislaufanlagen empfindlich auf Parasitosen reagieren, muss der Hygiene besondere Aufmerksamkeit geschenkt werden. Die Besatzdichte beträgt bei Aalen am besten 50-150 kg/m^3.

Management

FÜTTERUNG:

Nach der Anfütterung mit Fischeiern (*Gadus, Pollachius*) oder Würmern (*Lumbricus, Tubifex*) über Futterkästen, wobei Würmer für die ersten 1-3 Tage eventuell gehackt werden, adaptieren sich die meisten Glasaale innerhalb einer Woche an die Futterdarbietung. Alternativ kann auch faschierte Leber und Milz, oder geronnenes Blut verwendet werden. Anschließend wird ein Mischfutter verabreicht, das zu 50-30 % aus Naturfutter und zu 50-70 % aus Futtermehl besteht. Der Naturnahrungsanteil wird während der nächsten zwei Wochen kontinuierlich reduziert bis schließlich ab der vierten Woche nur noch pastöses oder pelletiertes Futter angeboten wird. Glasaale lassen sich jedoch heute auch mit Trockenmischfutter (Korngröße 0,3-0,5 mm) anfüttern, wobei jedoch die Verluste meist etwas höher sind.
Früher wurden auch oft gefrorene Fische oder Fischfarce (Makrelen, Sardinen etc.) 1-2-mal pro Tag an Aale verfüttert. Die ganzen Fische wurden dabei über Nacht aufgetaut und auf einem Draht, der durch die Augen gestochen wurde, aufgefädelt. Anschließend wurden die Fische für 1-3 Minuten in kochendes Wasser getaucht um die Haut der Fische weicher zu machen und dann verfüttert. Nach einer Fütterungsdauer von 5-15 Minuten wird der zurückgebliebene Kopf samt Rückgrat, was etwa 20-30 % ausmacht, wieder aus dem Wasser entfernt. Der Wechsel von einem Futterfisch einer Art zu einem anderen einer anderen Art sollte mit einer Übergangszeit von eine Woche erfolgen, damit die Aale langsam daran gewöhnt werden. Bei einer Wassertemperatur von rund 25 °C beträgt die tägliche Fütterungsrate bei der Verwendung von Futterfischen etwa 30-25 % für Glasaale, 20-15 % für Satzaale und 10-5 % für Speiseaale, wobei der Futterquotient mit der Aufzuchtzeit von 100-600 Tage von 5 auf 10 steigt und im Mittel um 7 beträgt.

Jahresmenge an Fischfutter:
(Nach: Forrest, 1976; Usui, 1974)

Monate	Futtermenge	Wassertemperatur
Januar-Februar	0 %	5-10 °C
März-April	1-10 %	10-15 °C
Mai-Juni	10-30 %	20-25 °C
Juli-August	30-50 %	25-30 °C
September-Oktober	20-40 %	20-25 °C
November-Dezember	1-10 %	10-15 °C

Gelegentlich wird auch heute noch pastöses Futter eingesetzt, das oft wie folgt hergestellt wird.

Zusammensetzung eines pastösen Mastfutters:

(Nach: Forrest, 1976)

Zutaten	Anteil
Fischmehl	60-70 %
Kartoffelstärke und Sojamehl	20-30 %
Hefemehl und Lebermehl	4-6 %
Mineralmischung	2-4 %
Vitaminmischung	1-2 %

Zur fertigen Mehlvormischung, die möglichst fein vermahlen sein sollte, werden dann meist 3-9 % Öl gegeben und gut vermischt. Dann werden 80-120 % Wasser dazu gegeben und kurz vor der Darbietung in einem Mixer für 30-60 Sekunden gut verrührt. Als Bindemittel kann die Alfa-Kartoffelstärke durch 1-3 % Alginsäure oder 4-8 % Carboxymethyl-cellulose ersetzt werden. Durch Beimengen von 1 % Alginat als Bindemittel können Futterverluste und Wasserverunreinigung vermindert werden. Die Kartoffelstärke kann auch durch Weizenmehl als Kohlenhydratlieferant ersetzt werden.

Tägliches Fütterungsregime für pastöses Futter

in Abhängigkeit von Wassertemperatur und Körpergewicht:

(Nach: Forrest, 1976)

Fischgröße	**0,5-5,0 g**	**5-50 g**	**50-500 g**	**Sonstiges**
Fütterungen	**3-4**	**2-3**	**1-2**	**täglich**
Temperatur	**Futtermehl in % vom Körpergewicht**			**Ölzusatz**
10-15 °C	4-6	2-4	0,5-1,5	1-3 %
15-20 °C	6-8	4-6	1,5-2,5	3-6 %
20-25 °C	8-10	6-8	2,5-3,5	6-9 %
25-30 °C	6-8	4-6	1,5-2,5	3-6 %

Da pastöses Futter im Wasser stark auslaugt und das Wasser verschmutzt, sollte es immer frisch zubereitet werden und sofort verfüttert werden. Pastöses Futter wird, um Futterverluste zu verringern, am besten auf einem Korb aus Maschendraht in einem Schwimm-rahmen angeboten, der sich anfangs etwas unter der Wasserlinie und später etwas über der Wasserlinie befinden sollte.

Für Trockenmischfutter sollte bei einer Wassertemperatur von 23-25 °C der Proteingehalt bei 40-50 % und der Fettgehalt bei 10-20 % liegen. Das Verhältnis von Protein zu Energie sollte zwischen 18 g/MJ bei *A. anguilla* und 24 g/MJ bei *A. japonica* liegen. Bei Aalen wird eine maximale Proteinausnutzung bei einem Proteingehalt von ca. 40 % und einem Fettgehalt von ca. 10 % im Futter erreicht. Durch einen Kohlenhydrategehalt bis ca. 40 % kann die Proteinverwertung erhöht und so Protein eingespart werden.
Der Bedarf an essentiellen Aminosäuren (Arginin, Histidin, Isoleucin, Leucin, Lysin, Metheonin, Phenylanin, Threonin, Tryptophan, Valin) liegt bei Aalen etwas höher als bei Salmoniden, Cypriniden oder Siluriden, und beträgt jeweils ca. 1-5 % vom Rohprotein bzw. 0,4-2,0 % von Trockenfutter. Der Bedarf an essentiellen Fettsäuren (n-3 und n-6) dagegen liegt etwas niedriger und beträgt jeweils ca. 8 % vom Rohfett bzw. 0,5 % der Nahrung. Der Bedarf an fettlöslichen (A, D, E, K) und wasserlöslichen (B, C, G, H) Vitaminen entspricht etwa jenem von Cypriniden. Durch Aroma- und Geschmackstoffe, wie Alanin, Glycin, Histidin, Prolin und Uridin, wird sowohl die Futteraufnahme als auch die Enzymsekretion und Nährstoffresorption optimiert. Für Aale sollten alle Futterkomponenten möglichst fein vermahlen werden. Ein Anteil von etwa 15 % aufgeschlossener Stärke ist für eine ausreichende Bindefähigkeit bei pastösem Futter bzw. für eine gute Wasserstabilität bei pelletiertem Futter nötig. Bei Glasaalen verbessert der Zusatz von ca. 80 % Gelatinelösung (3 %ig) zum Trockenmischfutter (Wassergehalt etwa 400 % der Trockensubstanz) die Aufzuchtergebnisse gegenüber Futter in pastöser oder pelletierter Form. Jungaale (>50 g) verwerten allerdings pelletiertes Futter, das mit Öl besprüht (aufgefettet) wird, besser als pastöses Futter.

Tägliche Futtermengen an Trockenfutter
in % vom Körpergewicht:

Fischgröße	Futtermenge
Jungaale (1-10 g)	6-9 %
Satzaale (10-100 g)	3-6 %
Speiseaale (100-1000 g)	1-3 %

Die Fütterung sollte über 24 Stunden pro Tag erfolgen, am besten über Futterautomaten. Dabei sollten Jungaale (1-10 g) alle 2-3 h für 10-15 Minuten, Satzaale (10-100 g) alle 3-6 h für 15-20 Minuten und Mastaale (100-1.000 g) alle 6-12 h für 20-30 Minuten gefüttert werden.

Aale sind dämmerungs- bzw. nachtaktiv. In Becken sollten daher Versteckmöglichkeiten vorhanden sein und direkte Sonneneinstrahlung vermieden werden. In Teichen sollte die Sichttiefe nicht mehr als 20-30 cm betragen und der Bereich um die Futterstellen abgedeckt werden. Das Wachstum ist generell bei abgedunkelter Haltung und geringer Besatzdichte besser, allerdings kann bei sehr geringer Besatzdichte (unter 0,1 kg/m^2) der Futterquotient steigen.

Der Futterquotient (Futter/Zuwachs), welcher stark von Zusammensetzung und Darbietung des Futters abhängt, liegt bei pelletiertem Futter meist zwischen 1-2 und bei pastösem Futter oft zwischen 2-4. Mit der Umwandlung zum Blankaal steigt der Futterquotient dann erheblich.

Glasaale, die früh im Jahr einwandern und gefangen werden, haben meist einen höheren Korpulenzfaktor und größere Überlebensraten, sie sind auch oft größer und wachsen etwas schneller als späte Glasaale.

Während der mehrwöchigen Umstell- und Anfütterungsphase bis 1 g Körpergewicht (Wachstum rund 1,4-1,6 %/Tag) treten meist Verluste von 20-40 % auf, beim mehrmonatigen Strecken bis 10 g (Wachstum rund 0,9-1,1 %/Tag) etwa 10-30 % und bei der mehrjährigen Mast (Wachstum rund 0,4-0,6 %/Tag) etwa 5 %.

Fütterungsrate (FR), Futterverwertung (FQ) und Zuwachsrate (WR)
bei pastösem Futter für Aale mit 100-200 g:
(Nach: Bohl, 1999)

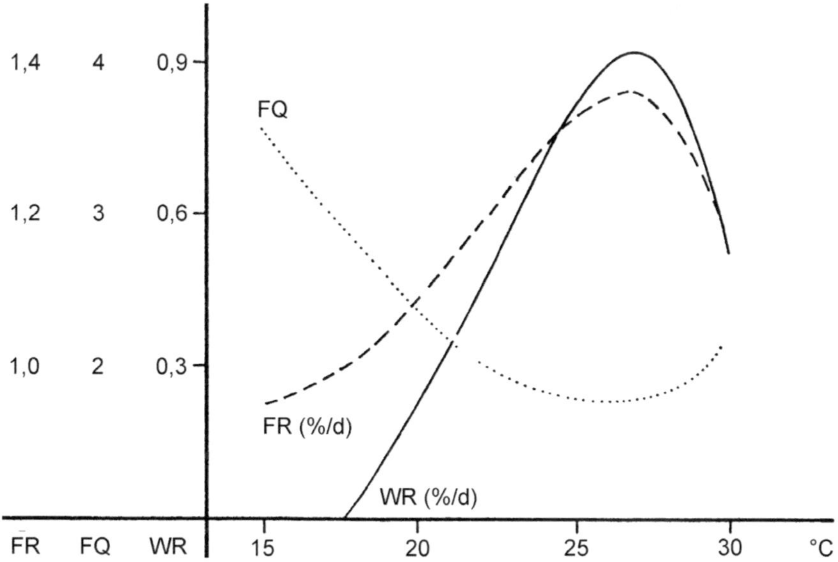

Aale beim Fressen von pastösem Futter. (Foto: S. Marturano)

Abfischen eines Aalteiches mittels Vakuumfaß. (Foto: S. Marturano)

SORTIERUNG:

Verschiedene genetische und haltungsbedingte Faktoren haben einen Einfluss auf das Auseinanderwachsen der Aale. Bei hoher Besatzdichte und in Intensivanlagen entwickelt sich auch ein Großteil der als Glasaale eingesetzten Fische zu Männchen. Um Wachstumsdepression und Kannibalismus zu vermeiden, müssen die Fische daher regelmäßig sortiert werden. Dazu eignen sich am besten Kästen (2x1x1 m), die mit starkem Netzmaterial oder quadratischem Maschendraht bespannt sind. Aale folgender Größe werden von folgenden Maschenweiten zurückgehalten: <1 g - 3 mm, <5 g - 5 mm, <10 g - 8 mm, <20 g - 10 mm, <30 g - 12 mm. Die Fische (500-750 kg) werden in diese Kästen gegeben und sortieren sich innerhalb von einer Stunde von selbst, da die kleineren durch die Maschen schlüpfen. Vor der Sortierung werden die Aale einen Tag nicht gefüttert. Bewährt hat sich eine Sortierung immer dann, wenn die Summe der verabreichten Futtermenge das Bestandsgewicht erreichte, bzw. wenn etwa 25 % des Bestandes deutlich von der Durchschnittsgröße abweicht. Dies ist bei der Satzaalproduktion etwa alle 1-2 Monate und bei der Speiseaalproduktion alle 2-4 Monate der Fall. Bei Glasaalbesatz wird gelegentlich auch nur alle 3-4 Monate sortiert, wobei nach der ersten Sortierung oft nur die größte Fraktion (15-30 %) zur weiteren Aufzucht in Intensivanlagen genutzt und der Rest als Satzaale verkauft wird. Zu beachten ist aber, dass in der Größenklasse bis 50-60 g die Männchen eher schneller wachsen als die Weibchen, erst danach ist dies umgekehrt.
Da sich auch in der Intensivhaltung die Gelbaale zu Blankaale umwandeln und dann der Futterquotient stark ansteigt, sowie Männchen relativ klein bleiben, müssen auch diese aussortiert werden. Dazu werden oft 2-4 m^2 große, leicht schräge Sortiertische mit mehreren (2-4) Ausgängen verwendet. Je Ausgang steht eine Person und sortiert dabei eine bestimmte Aalgröße händisch in Behälter, die mit sauerstoffreichem Wasser befüllt sind. Meist hat der Sortiertisch in der Mitte auch einen austauschbaren Gitterrost, durch den die zu kleinen Aale von selbst in einen Behälter durchfallen. In modernen Betrieben wird auch mit automatischen Sortiermaschinen in 2-4 Größenklassen sortiert, wobei die Aale nach Verlassen der Sortiermaschine oft über Rohre zu den einzelnen Haltungseinheiten geleitet werden. Nach dem Sortieren sollten die Bestände verschiedener Jahrgänge nicht vermischt werden, denn sonst werden die männlichen Blankaale nicht aussortiert. In Intensivanlagen erreichen die Männchen meist in weniger als 3 Jahren und Weibchen in mehr als 3 Jahren das Blankaalstadium.

Die Entwicklung eines Bestandes an Satzaalen, der während zwei Jahren in Intensivhaltung ohne Sortierung aufgezogen wurde, ist aus folgender Grafik ersichtlich (weiß = Gelbaalanteil, grau = Blankaalanteil). Dabei ist die zweigipfelige Kurve auffallend, welche für männliche Aale ein Maximum bei 42 cm bzw. 140 g und für weibliche Aale ein Maximum bei 56 cm und 370 g erreicht. Im Durchschnitt erreicht normalerweise über 90 % des Bestandes ein Gewicht von mehr als 130 g und über 50 % des Bestandes ein Gewicht von mehr als 300 g.

Größenentwicklung von unsortierten Aalen

nach zwei Jahren in Intensivhaltung:

(Nach: Bohl, 1999)

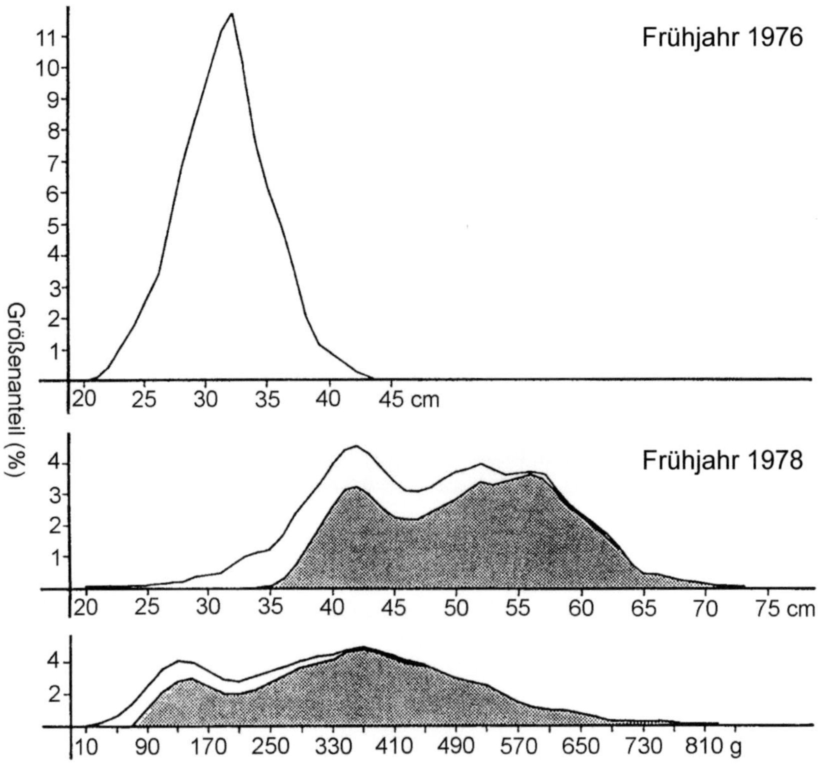

KRANKHEITSBEHANDLUNG:

Hygiene ist eine grundsätzliche Anforderung für erfolgreiche Fischzucht. Verendete Tiere sind möglichst sofort zu entfernen. Alle Geräte sind regelmäßig mit geeigneten Mitteln (10 %iges Formaldehyd) zu desinfizieren. Bei Becken kann die Desinfektionslösung (0,3-0,5 l/m²) gut mit einer Gießkanne verteilt aufgebracht werden. Die Einwirkzeit ist temperaturabhängig und sollte mindestens 30 min bei 20 °C, 60 min bei 12 °C, oder 150 min bei 4 °C betragen. Teiche werden am besten sofort nach dem Abfischen mit Brannt- oder Chlorkalk desinfiziert, allerdings muss der Teich zur Beseitigung zu hoher pH-Werte vor einem neuen Besatz 2-6 Wochen lang gefüllt und nochmals abgelassen werden.
Grundsätzlich muss festgehalten werden, dass bei "vernünftiger" Haltung der Fische unter guten Bedingungen viele Krankheiten erst gar nicht auftreten. Umweltfaktoren haben also direkt oder indirekt einen großen Anteil am Entstehen von Krankheiten. Vor allem bei schlechten Haltungsbedingungen in der intensiven Produktion kann es zum Auftreten von Krankheiten kommen. Diese sollten, wenn möglich, unmittelbar bekämpft werden, langfristig sind die Haltungsbedingungen zu verbessern. Das Vorliegen einer Erkrankung kann oft schon am veränderten Verhalten der Fische (Fressunlust) festgestellt werden.
Durch UV-Bestrahlung des Wassers können Parasiten, Bakterien und Viren abgetötet werden. Bei einer Dosis von 20-30 mWs/cm² etwa *Aeromonas, Sarcina, Saprolegnia*, und bei einer Dosis von 100-300 mWsec/cm² etwa *Trichodina* und *Ichthyophthirius.* Zur 90 %igen Reduzierung reicht etwa die Hälfte bis ein Drittel der Dosis aus. Zu beachten ist aber, dass mit der Trübung im Wasser auch die Absorption der Strahlung von 3 auf 60 %/cm Bestrahlungstiefe steigen kann.
Gegen viele Außenparasiten (*Chilodonella, Trichodina, Dactylogyrus, Gyrodactylus*) bietet sich 36 %iges Formalin, für eine Kurzzeitbehandlung (0,5-2,0 h) in einer Dosis von 200-300 ppm bzw. für eine Langzeitbehandlung (12-48 h) in einer Dosis von 20-30 ppm, als Bad an. Als Alternative eignet sich für einige Außenparasiten (*Trichodina, Argulus, Ergasilus*) stattdessen auch Kochsalz (NaCl) in einer Dosis von 1-2 % für ca. 1 h. Während des Behandlungsbades werden die Fische beobachtet, um im Fall von Stressreaktionen frisches Wasser beizufügen oder gegebenenfalls die Behandlung zu unterbrechen. Da Salz eine starke Schleimabsonderung hervorruft, in der sich meist die Parasiten befinden, ist es besser, das Bad (Verhältnis Fisch:Wasser von 1:10) in einem großen Transportbehälter oder ähnlichem durchzuführen und das Behandlungswasser anschließend zu entfernen.

Behandlung gegen verschiedene Ektoparasiten
bei positiver Diagnose:

Erreger	Chemikalie	Konzentration	Dauer
Einzeller	Kochsalz (NaCl)	1,0-2,0 %	für 1 Stunde
– „ –	Formalin (36 %ig)	300 ppm	für 1 Stunde
– „ –	Wasserstoffperoxyd	100 ppm	für 1 Stunde
– „ –	Detarox AP	20 ppm	für 1 Stunde
– „ –	Chloramin T	15 ppm	für 1 Stunde
– „ –	Kaliumpermanganat	10 ppm	für 1 Stunde
– „ –	Trypaflavin	10 ppm	für 1 Stunde
– „ –	Chlorkalk	2 ppm	für 1 Stunde
– „ –	Kupfersulfat	1 ppm	für 1 Stunde
Gyrodactylus	Peressigsäure (40 %ig)	3 ppm	für 24 Stunden
Dactylogyrus	Formalin (36 %ig)	20 ppm	für 24 Stunden
Piscicola	Branntkalk	2000 ppm	für 10 Sekunden
Ergasilus	Trichlorphon	0,5 ppm	für 5 Minuten
Argulus	Trichlorphon	0,3 ppm	für 12 Stunden

Abkürzungen: ppm = **p**art **p**er **m**illion (Teil pro Million) = 1 g bzw. 1 ml/m3 oder 1 mg/l.

Achtung: *Einige Mittel sind in manchen Ländern nicht mehr zulässig oder nur über den Tierarzt per Verschreibung erhältlich!*

Bei der Verwendung von Chemikalien oder Medikamenten sollte man zur Vorsicht erst einen Test mit einer kleinen Anzahl von Fischen (10 Stück) durchführen. Bei größeren Krankheitsproblemen sollte man unbedingt den Fischgesundheitsdienst um Rat fragen, bzw. einige Lebendfische zur Untersuchung einschicken. Einige Medikamente sind ohnedies nur über den Tierarzt erhältlich, da verschreibungspflichtig.
Bei ungünstigen Umweltbedingungen und Stress, wie in Intensiv- oder Warmwasseranlagen, können beim Aal auch Bakterien- und Virenerkrankungen (Herpes-, Papova-, Reo- und Rhabdovirus) auftreten (siehe Anhang).
Bakterienkrankheiten können mit Antibiotika (verschreibungspflichtig) behandelt werden, allerdings wird auf die Angabe von Antibiotika zur prophylaktischen Behandlung ganz bewusst verzichtet, da dies bei unsachgemäßer Anwendung nur zu unerwünschter Resistenzbildung führen würde. Wenden Sie sich bitte an den für Sie zuständigen Fischgesundheitsdienst (siehe Anhang). Als Schutz gegen manche Bakterieninfektionen gibt es allerdings auch eine Vakazine.
Viruskrankheiten können nicht direkt behandelt werden, allerdings sind dabei generell alle tierseuchenrechtlichen Bestimmungen zu beachten.

TRANSPORT:

Lebende Aale können sowohl nass in Wasser mit Belüftung als auch feucht in Rahmen mit Eis transportiert werden. In jedem Fall sind die Aale 2-4 Tage gut auszunüchtern, wobei der Gewichtsverlust etwa 4-6 % beträgt, sowie stets schonend zu behandeln und Beschädigungen der Haut zu vermeiden.
Beim Transport in Behältern (1-3 m^3) mit Wasser darf die Versorgung mit Sauerstoff aber nicht zu hoch sein, besser ist daher die Belüftung mit Luft, welche auch die Schleimabsonderung reduziert an der die Aale ersticken können. Da Aale versuchen, sich unter den Ausströmer zu verstecken und diesen so hochdrücken, sollte dieser am Behälterboden fest fixiert sein. Am besten bewährt sich ein Behälter mit einem Siebboden, der 5-10 cm über dem Behälterboden montiert ist und auf dem ein großflächiger Ausströmer befestigt wird. Der Schleim kann sich dann unter dem Siebboden absetzen. Eine starke Wasserumwälzung (durch Belüftung oder Pumpen) verhindert, dass sich die Aale am Boden zu Knäuel zusammendrängen und trotz Sauerstoffversorgung womöglich ersticken.

Transportmenge je m^3 Volumen bzw. m^2 Fläche
bei 5-15 °C für Transporte bis zu 24 Stunden:
(Nach: Bohl, 1999)

Fischgröße	Glasaale	Satzaale	Speiseaale
Mit Wasser (je m^3)	50 kg	250 kg	500 kg
Mit Eis (je m^2)	5 kg	25 kg	50 kg

Beim Transport in Rahmen (0,6-1,0x0,4-0,6 m) mit Eis sollte das Eis das sich im obersten Rahmen befinden muss, bereits leicht angetaut sein, damit es während des Transportes abtaut und so die Aale gut feucht hält. Während des Transportes nehmen die Aale so auch über die Haut Luftsauerstoff auf, die Kisten sollten daher zumindest oben kleine Luftlöcher aufweisen. Für Glasaale verwendet man meist gazebespannte Rahmen, für Speiseaale normalerweise Rahmen aus Holz. Für Speiseaale ist auch der Transport in Plastiksäcken gut möglich, wobei in einen starken 20-30 l Plastiksack 10 kg Aale und 1 kg Eisstücke gegeben werden, der mit Sauerstoff aufgefüllt und verschlossen in einem Karton verpackt wird. Die Kisten sind auch vor Sonneneinstrahlung und Frosteinwirkung zu schützen. Man verwendet daher am besten isolierte Kartons bzw. Kisten aus Styropor.

Bei einer Wassertemperatur von rund 7 °C beträgt der Sauerstoffbedarf von Glasaalen etwa 360 mg/kg/h. Um die Aktivität zu reduzieren, sollten die Aale (vor allem Glasaale) bei einer Temperatur von 6-8 °C transportiert werden. Um Verluste zu verringern, sollten die Aale nach dem Transport nicht zu schnell hochtemperiert werden. Die Temperaturanpassung sollte bei Glasaalen nicht mehr als 2-4 °C und bei Satzaalen nicht mehr als 4-8 °C pro Tag betragen. Da sich beim Transport in Kisten in den verdeckten Kiemenhöhlen der Aale Luftblasen oder Schleimfetzen ansammeln können, sollten sie vor dem Aussetzen mit Wasser abgebraust oder in seichtes Wasser eingesetzt werden, damit sie Gelegenheit haben, ihre Kiemen zu reinigen. Die transportbedingten Verluste während der nächsten 1-2 Wochen sollten bei Glasaalen 5-10 % und bei Satzaalen 1-5 % nicht übersteigen. Milchig weiß gefärbte Glasaale weisen auf Mängel im Versand hin.
Für den schonenden, einfachen innerbetrieblichen Transport haben sich die auf einen Hubstapler montierbaren Behälter, die teilweise eine Mess- der Wiegeeinrichtung besitzen, sehr bewährt (siehe Abb.). Das Entladen der Fische erfolgt durch Heben und Nachvornekippen des Behälters. Die Fische werden über eine Schleuse und einen anschließenden Schlauch mit 20-30 cm Durchmesser entlassen.

Innerbetrieblicher Transportbehälter für den Hubstapler. (Foto: M. Hochleithner)

Fischerei

METHODEN:

In manchen Gegenden oder Gewässern sind Aale seit langem von erheblicher Bedeutung. So sind Aalspeere, die aus gespaltenen und bearbeiteten Beinknochen von Hirschen hergestellt wurden, aus der Mittleren Steinzeit (Mesolithikum) vor etwa 10.000 Jahren aus Deutschland bekannt. Ein Felsbild, das eine Fischereiszene mit einem Zugnetz am Nil und unter anderem eine Abbildung eines Aals zeigt, ist aus einem Totentempel in Ägypten von vor etwa 4.500 Jahren bekannt.
Früher erfolgte der Fang oft mit speziellen Speeren oder Harken mit oder ohne Widerhaken aus Metall, die einen oder mehrere schlanke mittige Kels oder Spieße, mit denen der Fisch aufgespießt wurde, und oft zwei oder mehrere federnde, seitliche Schalme oder Klemmen, die den Fisch festhalten, besitzen. Aalspeere, die einen 2-6 m langen Schaft aus Holz besitzen, wurden meist im Winter oft vom Boot oder Eis aus verwendet, und fingen, je Fischer und Tag etwa 5-10 kg zu über 90 % kleine Aale (< 130 g). Zwei über Kreuz verbundene Aalharken wurden früher auch wie ein Stockanker hinter Booten geschleppt. All diese Fanggeräte sind jedoch heute in vielen Ländern verboten.

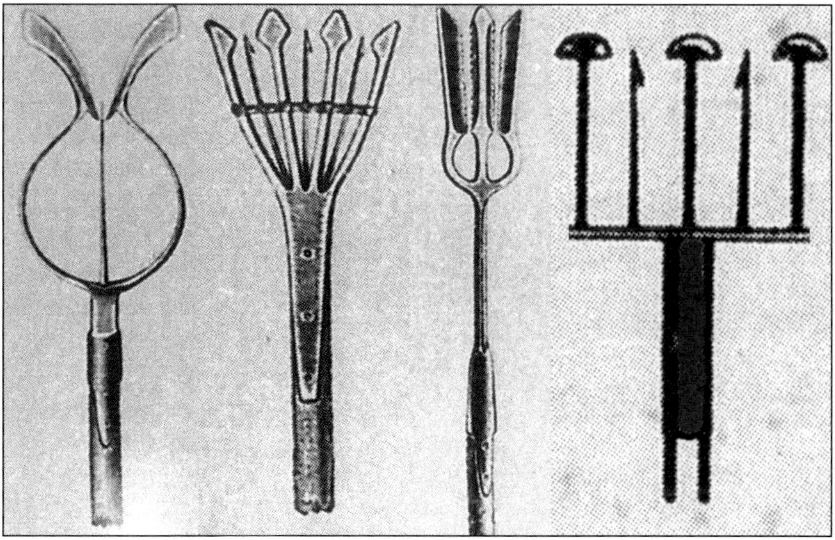

Verschiedene Speere für den Aalfang. (Nach: Müller, 1975)

Früher wurden von den Ureinwohnern (Maori) in Neuseeland die Aale in Bächen sogar nur mit bloßen Händen gefangen, wozu die Unterstände abgesucht wurden. Für den Fang glitt der Fänger normalerweise mit einer Hand entlang des Aalkörpers bis er ihn hinter dem Kopf packen oder Finger in die Kiemenöffnungen stecken konnte, dann wurde der Fisch schnell ans Ufer bzw. Land geworfen und mit einem Holzknüppel erschlagen oder Genickbiss getötet.
Heute erfolgt der Fang oft mit Langleinen bzw. Aalschnüren aus Perlon, die beködert und locker am Grund ausgelegt werden. Dazu werden an einer starken Hauptschnur (1,0-3,0 mm Ø) in Abständen von je 2-4 m insgesamt etwa 100-1000 Stück 0,5-1,5 m lange Vorfächer (0,4-0,6 mm Ø) mit dunklen Haken angebracht. Seit Jahrtausenden werden auch abgedunkelte und beschwerte, Aalröhren oder -körbe (ca. 70-90x10x10 cm), die 1-2 reusenartige Eingänge haben und früher aus Pflanzen waren oder heute aus Kunststoff hergestellt sind, für den Fang von Aalen verwendet. Diese werden beködert und im Abstand von 10-40 m an einer etwa einen Meter langen Schnur auf eine bis zu 1 km lange Leine gebunden. Am Anfang und Ende jeder Leine befinden sich ein Gewicht zur Verankerung und eine Boje zur Kennzeichnung. Langleinen und Aalkörbe werden vor deren Verwendung manchmal im Wasser eingelegt, damit sie den Geruch des natürlichen Lebensraums annehmen und von den Aalen eher angenommen werden. Seit langem werden auch Netzreusen (Maschenweite 10-20 mm, Bügeldurchmesser 0,2-0,5 m, Länge 1,5-2,5 m) eingesetzt, die ein bis zu 1 km langes und bis zu 10 m hohes) Leitnetz und/oder zwei Netzflügel besitzen. Beköderte Reusen können im Abstand von 50-70 m ausgelegt, bis zu 90 % der fangbaren Aale, erbeuten. Beköderte Reusen fangen dabei bis zu 4-mal mehr Aale als unbeköderte. Beköderte Langleinen, sowie Aalkörbe und -reusen werden meist am Abend ausgelegt und am Morgen eingeholt. Oft werden unbeköderte Reusen auch paar- bzw. reihenweise oder systemartig zusammengeschlossen und verbleiben die ganze Fangsaison im Gewässer, wobei sie täglich entleert werden.
Wehre und Abflüsse werden teilweise mit V-förmigen Leitzäunen (Stababstand ca. 6-12 mm) oder Leitnetzen und Reusen abgesperrt. Besonders bewährt hat sich auch eine bis zu 100 m lange Lichterkette als Leitwand, wobei sich die Lichtkegel überschneiden müssen, die Sichttiefe nicht unter einem Meter und die Strömungsgeschwindigkeit nicht über 2,5 m/s sein sollte. Reusen mit Lichterkette als Leiteinrichtung fangen dabei bis zu 3-9mal mehr Aale als Reusen ohne Lichterkette, und erfassen dabei etwa 20-80 % der abwandernden Blankaale, kaum aber die weniger lichtscheuen Gelbaale.

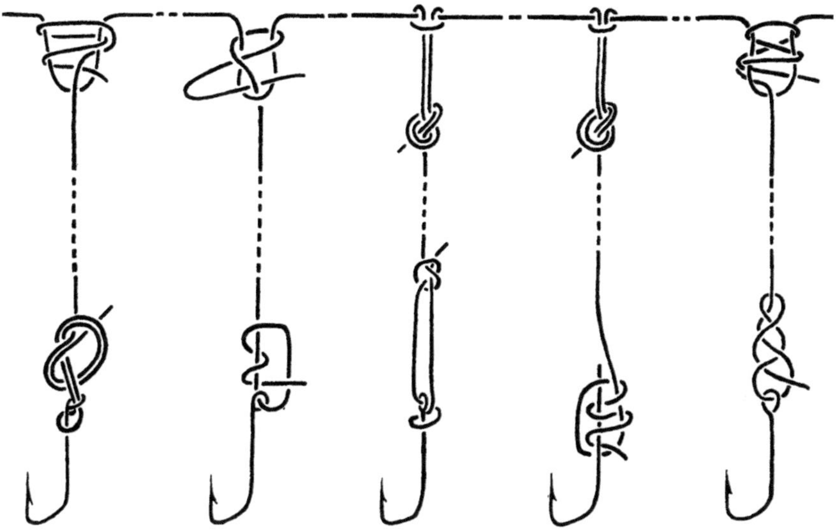

Anknotung von Vorfächern und Haken bei der Aalschnur. (Nach: Brandt, 1958)

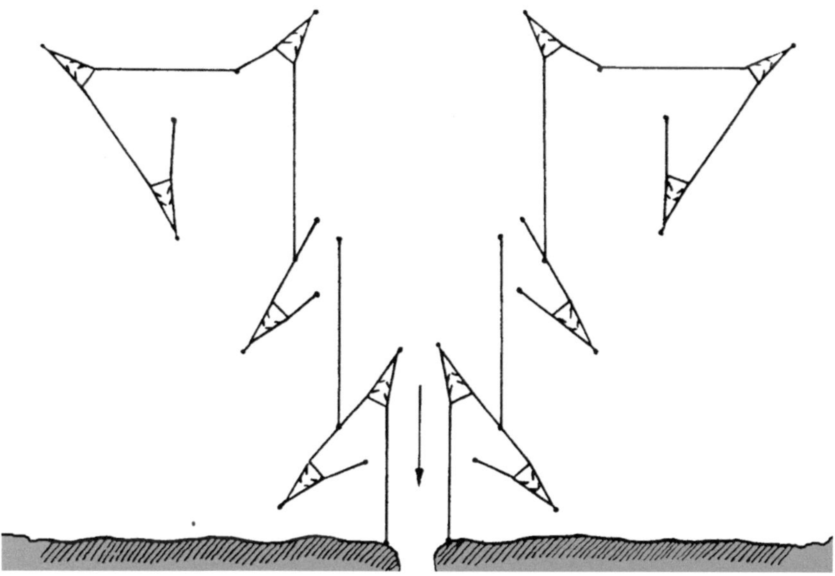

Systemartig aufgestellte Reusen an einem Seeabfluss. (Nach: Brandt, 1958)

Einkehlige Aalröhre aus Pflanzenmaterial. (Foto: M. Hochleithner)

Ein- und zweikehlige Aalröhren und -körbe aus Kunststoff. (Foto: M. Hochleithner)

Doppelte Flügelreusen mit Leitnetz. (Foto: M. Hochleithner)

Dreifache Rahmenhamen mit Ankerboje. (Foto: M. Hochleithner)

In Ostasien wurden zum Aalfang im Tidenbereich auch Steinhaufen, Astbündel oder Strohsäcke verwenden, in denen sich die Aale verstecken. Bei Ebbe werden diese Gebilde dann herausgehoben bzw. mit Netzen oder Matten rundherum abgesperrt und die Aale gefangen.
Abwandernde Blankaale werden seit Jahrhunderten auch mit verschiedenen Pfahl-, Bügel-, Scher- und Ankerhamen gefangen, in jene die Fische vorwiegend passiv mit der Strömung hineingetragen werden. Hamen sind konische, bis zu 30 m lange Netzsäcke mit einer Öffnung bis zu 10x5 m, die oft eine Kehle besitzen und mit einem Bügel oder Scherbrett aufgespannt und regelmäßig entleert werden. Die Fängigkeit von Hamen liegt, je nach Aufstellungsort, Gewässerbreite und Typ (Rahmen oder Scherbrett), bei etwa 5-15 %.
Seltener und mit weniger Erfolg werden auch Senk- und Wurfnetze mit einer Größe bis zu 10 m für den Aalfang verwendet, die manchmal auch von einem kranartigen Ausleger vom Ufer oder Boot aus bedient werden. Gelegentlich werden sogar dreiwandige Spiegel- bzw. Staknetze (Innenmasche 10-15 mm, Außenmaschen 100-120 mm) für den Fang von Aalen verwendet, wobei sie jedoch in die aufgestellten Netze gescheucht werden müssen und sich in den sackartigen Erweiterungen verwickeln. Nur Kiemennetze eignen sich nicht für den Aalfang.

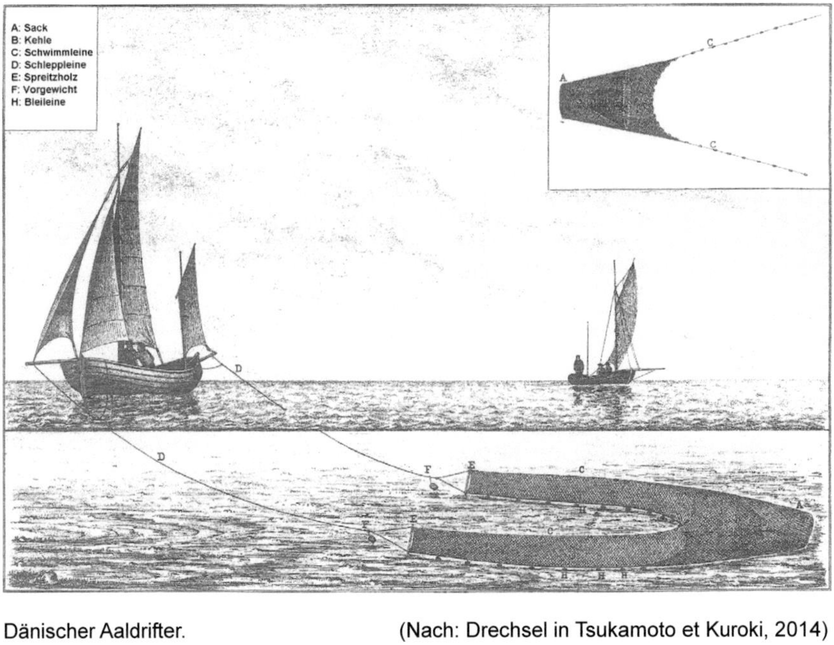

Dänischer Aaldrifter. (Nach: Drechsel in Tsukamoto et Kuroki, 2014)

Gelegentlich, vor allem in früheren Zeiten, wurden auch spezielle Drift-, Zug- und Schleppnetze, die oft eine Kehle besitzen, für den Aalfang verwendet, die heute mittlerweile in einigen Ländern verboten sind.
Driftnetze wurden von einem speziellen flachen Segelboot (Aaldrifter) seitlich über den Gewässerboden geschleift, das von 1880-1930 in Dänemark ausschließlich für den Aalfang gebaut wurde (siehe Abb.).
Zugnetze, bei denen die Flügel länger als der Sack sein sollten, werden meist von einem Boot C- oder O-förmig ausgelegt und anschließend über lange Seile mit Händen oder Winden ans Ufer oder Boot gezogen. Mit Zugnetzen werden überwiegend größere Aale (>600 g) gefangen.
Schleppnetze werden meist von 1-2 Booten mit oder ohne Scherbrettern über dem Gewässerboden geschleppt, wobei der Anteil des untermaßigen Beifangs mit über 50 % jedoch sehr hoch ist. Eine Reduktion des Beifangs und eine Erhöhung des Aalanteils sind mit der Verminderung der Schleppgeschwindigkeit auf 2,5-2,7 Knoten (Seemeilen/h) erreichbar. Eine weitere Verringerung der Geschwindigkeit auf 1,6-1,7 Knoten ist durch die Elektrifizierung (80-120 V und 15-25 A) der Schleppnetze möglich. Dabei werden an der etwa 10-20 m langen Ober- (+) und Unterleine (-) Elektroden angebracht, und so über die gesamte Netzöffnung von 1,5-2,5 m Höhe ein elektrisches Feld aufgebaut, dass die Aale vor dem heranrückenden Schleppnetz aus dem Boden hervorholt und in der Netzöffnung betäubt, sodass die Fische in den anschließenden Netzsack getrieben werden. Während nicht elektrifizierte Schleppnetze vorwiegend im Sommer und in der Nacht eingesetzt werden, können elektrifizierte Schleppnetze auch im Winter und am Tag erfolgreich benützt werden.
Im Süßwasser ist auch der Fang mit einem Elektrofischereigerät (250-500 Volt Gleichstrom oder 30-50 Herz Impulsstrom) vom Boot oder Ufer aus gut möglich, speziell im Winter. Die Wirkung des elektrischen Stromes für den Fischfang beruht darauf, dass der zwischen Anode (+) und Kathode (-) im Wasser fließende Strom auf die in der Nähe (1-4 m) der Anode befindlichen Fische eine Anziehungskraft (Galvanotaxis) ausübt, so dass sie sich auf die Anode zubewegen und bald darauf in Betäubung (Galvanonarkose) geraten. Danach kann man die Fische mit einem Kescher von der Anode wegfangen und sie erholen sich nach wenigen Minuten schnell wieder. Mit dem Elektrofischereigerät werden aber überwiegend kleinere Aale (<300 g) gefangen. Für die Elektrofischerei ist in vielen Ländern eine Genehmigung erforderlich.

Gefangene Glasaale. (Foto: A. Hartl)

Aufsteigende Glasaale werden meist mit 0,5-1,5 m großen, konischen kescher- oder hamenartigen Handnetzen (Maschenweite 1,0-1,3 mm), in der Nacht im Gezeitenstrom gefangen. Die Netze werden dabei, optimal bei einem Vorsprung, möglichst nahe am Ufer mit der Öffnung Richtung Flussmündung ins Wasser gehalten und Kescher nach 1-5 Minuten oder Hamen nach 30-60 Minuten entleert. Im Mündungsgebiet werden die Glasaale auch mit feinmaschigen Reusen, sowie Zug- oder Schleppnetzen (4-5 kn), vom Ufer oder Boot aus gefangen. Gelegentlich erfolgt der Fang auch elektrisch mit Impulsstrom. Die Einwanderung der Glasaale erfolgt hauptsächlich 2-3 Stunden nach Sonnenuntergang mit steigendem Wasserspiegel (Flut). Oft werden die Glasaale dabei massenweise von einem Süßwasserzulauf bzw. von einem Wasserstrom geringerer Salinität und höherer Temperatur angelockt. Die Einwanderung in die Flüsse, welche durch organische Geruchs- bzw. Geschmackstoffe des Süßwassers gefördert wird, erfolgt überwiegend nahe des Ufers und der Wasseroberfläche, meist bei Neumond. Nach dem Fang werden die Glasaale in belüfteten und abgedeckten Becken (Besatzdichte 25-50 kg/m^3) mit reichlich Süßwasserzulauf für 2-5 Tage gehältert. Tote Glasaale, die weiß werden und meist etwa 5-10 % (bei Schleppnetzen oft 20-40 %) betragen, werden aussortiert.

Aalfanganteil im Schweriner Binnensee
Mitte bis Ende der 1960er Jahre nach Fanggerätegruppen:
(Nach: Gollub in Müller, 1975)

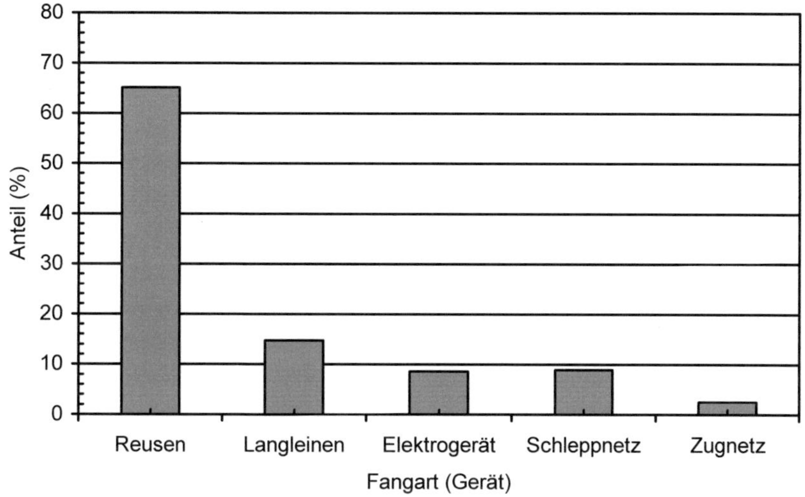

Durchschnittliche Aalgewichte im Sakrower See
Mitte der 1950er Jahre nach Fanggerätegruppen:
(Nach: Müller, 1975; Tesch et al., 1999)

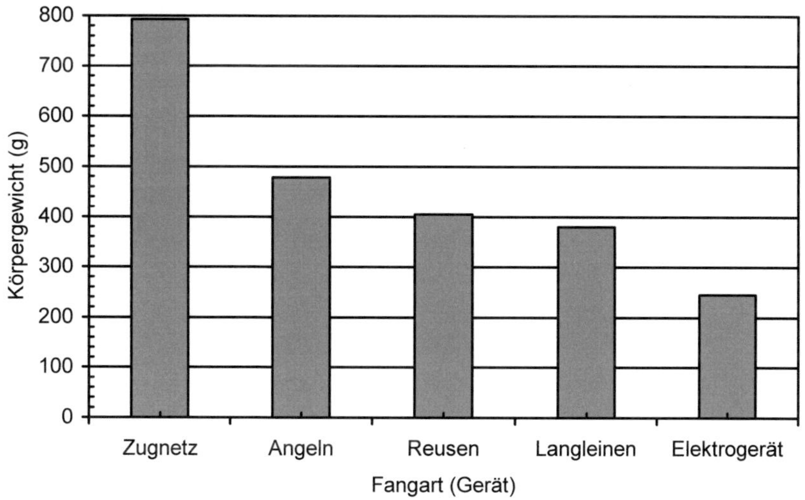

Aalfänge aus natürlichen Binnengewässern
in Abhängigkeit von der Jahreszeit:
(Nach: Anwand, 1980; Deufel et Strubbelt, 1976)

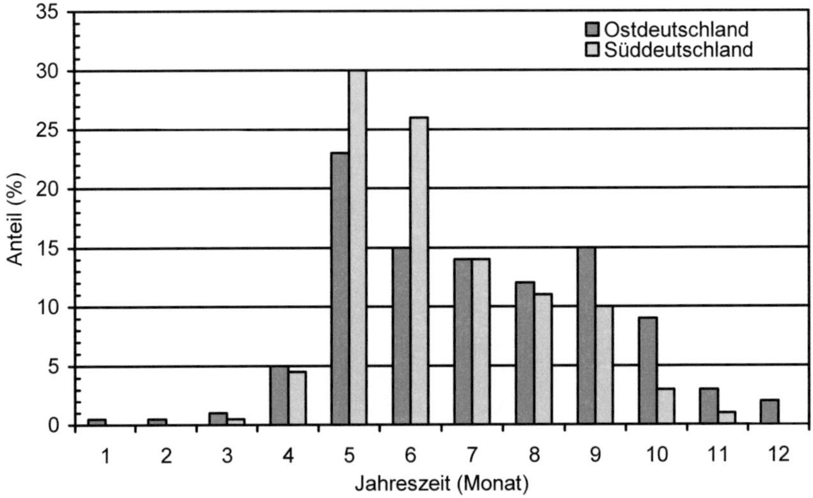

Durchschnittliche Längen – Gewichtsregression
beim Europäischen Aal (*A. anguilla*):
(Nach: Anwand et Valentin, 1981; Müller, 1975)

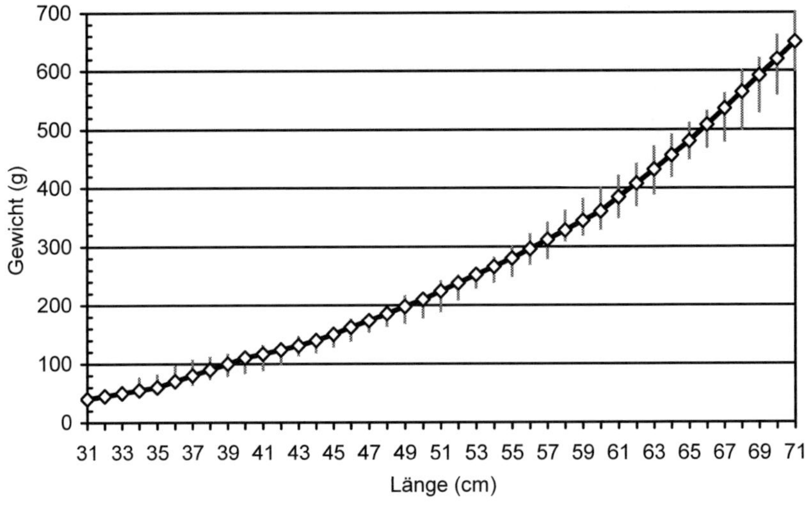

Je nach Gewässer kann der natürliche Bestand an Aalen in Europa, Afrika und Amerika bis über 100 kg/ha, in Polynesien und Neuseeland sogar bis über 500 kg/ha erreichen. Aale werden hauptsächlich in der warmen Jahreszeit gefangen. Der fangbare Aalbestand besteht überwiegend aus Fischen, die 5-10 Jahre im Süßwasser verbrachten. Für die Höhe der Aalerträge in Binnengewässern ist in erster Linie die Bestandsdichte ausschlaggebend, erst in zweiter Linie die Gewässerproduktivität und in letzter Linie die Fangtechnik. Der durchschnittliche jährliche Fangertrag an Aalen aus der inneren Küsten-, sowie Fluß- und Seenfischerei beträgt meist zwischen 1-10 kg/ha, im Durchschnitt 4-6 kg/ha, mit Spitzen bis 50 kg/ha. Seen, die in Küstennähe liegen, haben oft bessere Aalerträge als Seen, die im Binnenland liegen. In Seen, die am oberen Ende einer Seenkette oder eines Flusses liegen, in denen sich die vom Mündungsbereich aufsteigenden Aale oft konzentrieren, sind die Aalbestände aber oft höher als in den dazwischen liegenden Gewässerabschnitten. In Ostdeutschland betrugen die jährlichen Aalerträge Mitte bis Ende der 1960er Jahre durchschnittlich etwa 1-4 kg/ha in Binnenseen, 5-6 kg/ha in Küstenseen, 8-10 kg/ha in Endseen und 11-24 kg/ha in Flüssen. In größeren Flüssen kann der jährliche Aalertrag bis zu 100 kg/ha erreichen. In Seen gelten jährliche Hektarerträge von 1-3 kg als gering, 3-9 kg als mittel und 9-27 kg als hoch. Da in Flüssen auch Blankaale aus darüber liegenden anderen Gewässerabschnitten durchziehen, gilt dafür jeweils etwa der doppelte Wert.

In Europa werden etwa 60 % der Aale in Küstengewässern und 40 % in Binnengewässern gefangen, wobei es allerdings große regionale Unterschiede je nach Land und Gewässer gibt. Die Fänge aus den äußeren Küstengewässern bestehen oft zu etwa 80 % aus großen Aalen (>300 g), während die Fänge aus den inneren Küstengewässern oft zu etwa 75 % aus kleinen Aalen (< 130 g) bestehen. Die Fänge aus den Binnengewässern bestehen zu etwa 40 % aus Gelbaalen und 60 % aus Blankaalen, wobei es ebenfalls große Unterschiede je nach Fanggerät und Fangort gibt. Die Fänge aus Gewässern, die untere Bereiche von Einzugsgebieten darstellen, bestehen überwiegend aus Männchen, während sie aus Gewässern, die obere Bereiche von Einzugsgebiete darstellen, meist zu 70-100 % aus Weibchen bestehen. Bei großen Aalen (>50 cm) handelt es sich in Europa ausschließlich um Weibchen. Bei kleinen Aalen (< 50 cm) bestehen die Fänge in mitteleuropäischen Seen oft zu 60-100 % aus Weibchen, während die Fänge in Flüssen oft zu 60-100 % aus Männchen bestehen. Abwandernde Blankaale sind im Süden meist kleiner (< 300 g) als im Norden (>300 g). Der europäische Durchschnitt liegt bei etwa 400 g.

Wechselwirkungen zwischen dem Aal und anderen Arten gibt es nur im Bereich der Räuber-Beute-Beziehungen und der Nahrungskonkurrenz. Aale beeinträchtigen andere Wirtschaftsfische daher kaum, wohl aber die Krebsbestände (z.B.: in Skandinavien). In Ostdeutschland stiegen auf einer bewirtschafteten Gesamtnutzfläche der Binnenfischerei von 120.000 ha die jährlichen Aalerträge von 2,7 kg/ha Ende der 1950er Jahre auf 5,3 kg/ha Anfang der 1970er Jahre, während die Erträge der anderen wirtschaftlich interessanten Feinfische zwischen 6,9 und 8,6 kg/ha betrugen. In einzelnen Gewässern in Ostdeutschland wurde sogar festgestellt, dass der Ertrag an Hechten oder Zandern mit dem Ertrag an Aalen zunimmt. Es gibt allerdings auch Hinweise, dass gute Bestände an Renken und Maränen (Coregonen) nach starkem Aalbesatz und Aalertrag (4-6 kg/ha) abnehmen. Möglicherweise spielen aber andere umweltbedingte Ursachen eher eine Rolle bei den unterschiedlichen Fischerträgen. Dagegen können jedoch hohe Bestände an Karpfen oder Brachsen den Aalertrag deutlich verringern.
Der weltweite Gesamtfang an Aalen aus der Fischerei betrug jährlich durchschnittlich in den 1950er Jahren 17.355 t, 1960er Jahren 22.998 t, 1970er Jahren 23.160 t, 1980er Jahren 19.343 t, 1990er Jahren 15.355 t, und in den 2000er Jahren 11.703 t. Dabei entfielen auf den Europäischen Aal (*A. anguilla*) in den 1950er Jahren 79,60 %, 1960er Jahren 78,24 %, 1970er Jahren 71,98 %, 1980er Jahren 66,79 %, 1990er Jahren 60,14 %, und in den 2000er Jahren 60,10 %.
Die weltweite Gesamtproduktion an Aalen aus der Aquakultur betrug jährlich durchschnittlich in den 1950er Jahren 3.960 t, 1960er Jahren 15.688 t, 1970er Jahren 37.803 t, 1980er Jahren 85.313 t, 1990er Jahren 202.347 t und in den 2000er Jahren 233.558 t. Dabei entfielen auf den Japanischen Aal (*A. japonica*) in den 1950er Jahren 0,45 %, 1960er Jahren 2,06 %, 1970er Jahren 36,87 %, 1980er Jahren 78,60 %, 1990er Jahren 94,25 %, und in den 2000er Jahren 95,53 %.
Die weltweite Gesamtausbeute an Aalen aus Fischerei und Aquakultur zusammen betrug jährlich durchschnittlich in den 1990er bzw. 2000er Jahren 217.700 bzw. 245.261 t wobei etwa 90 bzw. 93 % aus Asien (davon 71 bzw. 68 % aus China) stammt und 88 bzw. 91 % auf den Japanischen Aal (*A. japonica*) entfällt.
Allerdings gibt es auch Hinweise das europäische und amerikanische Glasaale nach Asien verkauft und dort aufgezogen werden, und dann als Japanische Aale verkauft werden, sodass die Statistik über die Produktion der Arten möglicherweise nicht stimmt. Auch die Fänge aus der Fischerei könnten höher sein, als in vielen Statistiken angegeben, dennoch veranschaulichen sie die Entwicklung recht deutlich.

Gesamtausbeute an Aalen (*Anguilla sp.*)
aus Fischerei und Aquakultur:
(Nach: Shatz, 2000)

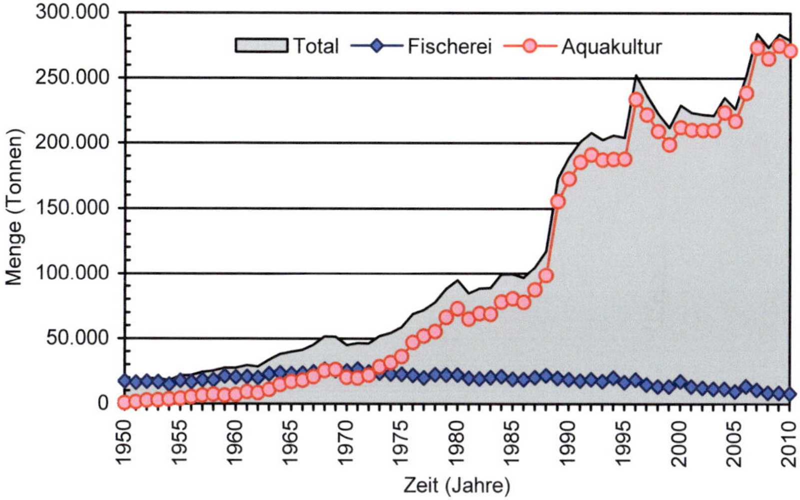

Anteil am Gesamtfang aus der Fischerei
von 15.355 t (Durchschnitt der 1990er Jahre):
(Nach: Shatz, 2000)

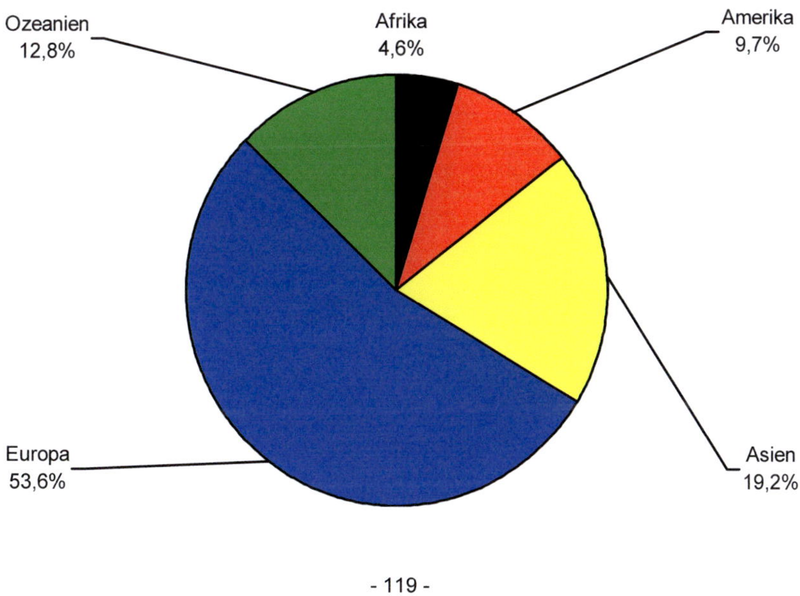

Entwicklung der Aalerträge in Europa

während des letzten Jahrhunderts:

(Nach: Dekker in Knösche et al., 2004)

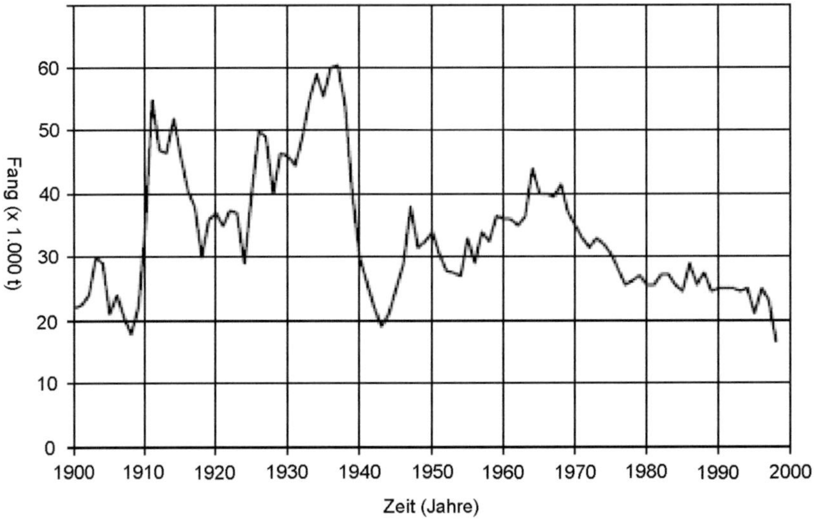

Durchschnittliches Stückgewicht

der gefangenen Aale in Ostdeutschland:

(Nach: Knösche et al., 2004)

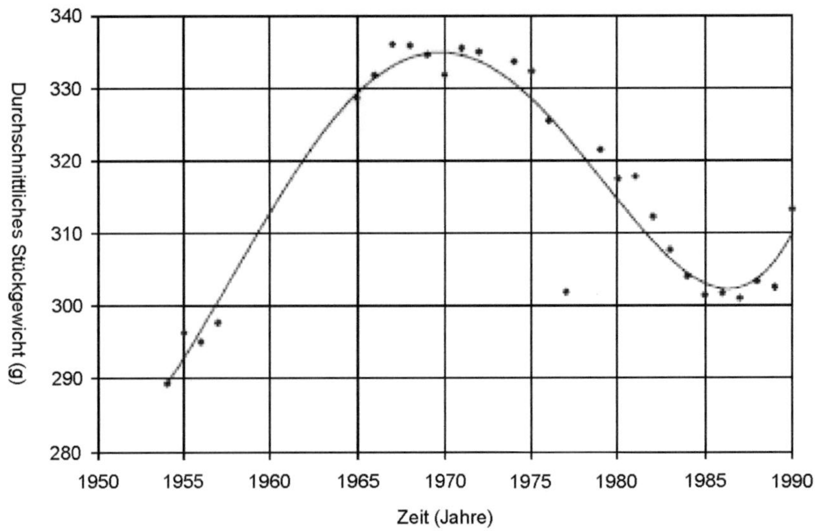

ANGELN:

Zum Angeln auf Aale ist eine gute Ausrüstung empfehlenswert. Dazu eignet sich fast jede starke Rute von 2-5 m Länge, am besten mit sensibler Spitze und einem Wurfgewicht von mindestens 100 g. Dazu passend eine kräftige Rolle mit großer Übersetzung, die mindestens 100 m monofile oder multifile Schnur fasst, welche einen Durchmesser von zumindest 0,3-0,5 mm hat. Da sich Aale überwiegend am Grund aufhalten, ist ein 10-50 g schweres Blei (Laufblei) besser als ein leichter Schwimmer (Laufschwimmer). Damit das Blei nicht mit dem Köder im Schlamm versinkt und um Verdrallungen der Schnur zu vermeiden, wird der Haken am besten an einem 0,5-1,0 m langen Vorfach mit Wirbel und eventuell Karabiner befestigt. Am Ende des Vorfachs wird der Haken befestigt, wobei normalerweise ein Einzelhaken genügt, am besten Rundhaken. Das Vorfach sollte nicht zu dünn gewählt werden (mindestens 0,4-0,6 mm), sodass auch ein größerer Wels oder Hecht, der den Aalköder nimmt, noch sicher gelandet werden kann. Als Köder eignen sich Würmer (1-3 Tau- oder Wattwürmer), Weich- (Schnecken- oder Muschelfleisch) und Krebstiere (Krabben und Garnelen), sowie kleinere Fische bzw. Fischstücke (Stint, Ukelei, Plötze, Gründling, Barsch), ja selbst würzige Wurst und kräftiger Käse. Frische tote Köderfische werden am besten so angeködert, dass die Hakenspitze vorne am Maul des Köderfisches fest sitzt und noch herausschaut. Erfolgssteigernd ist auch das Anfüttern der Aale (z.B.: mit einem Futterkorb). Da Aale sehr gut riechen können, sollte der Ausrüstung (Vorfach, Blei, Wirbel, Haken usw.) kein Fremdgeruch anhaften, daher sind diese Gegenstände am besten einige Tage in Wasser des zu befischenden Gewässers einzulegen und die Hände am besten vor dem Anködern noch gründlich zu waschen. Nach dem Auswerfen der beköderten Angel wird die Angelrute möglichst steil in einem Rutenhalter befestigt und die Schnur stramm gezogen, bis Fühlung zum Köder besteht. Ein Anbiss macht sich durch mehr oder weniger starkes Vibrieren oder Wippen der Rutenspitze bemerkbar. Gute Dienste leistet auch ein visueller, oder besser akustischer Bissanzeiger. Da Aale den Köder meist sofort schlucken und sich dann zu verkriechen versuchen, sollte nach dem Anbiss sofort der Anschlag und Drill folgen. Wurde der Haken tief verschluckt, wird die Schnur am besten vor dem Maul abgeschnitten. Neben einem feinmaschigen Unterfangkescher zum Landen des Aals sollte auch ein grobes Tuch zum Festhalten der Aale nicht fehlen. In einem Setzkescher oder Leinensack können gefangene Aale einige Zeit gehältert werden.

Aufgrund ihrer Lebensweise bevorzugen Aale solche Stellen, die ihnen Deckung gewähren und sie vor Helligkeit schützen. Aale beißen meist nur in den wärmeren Sommermonaten (Juni-September) vor allem in der Dämmerung bzw. Nacht, sowie bei fallendem Luftdruck. Bei Mondschein beißen Aale meist nicht. Mit Regenwürmern werden überwiegend unter 50 cm lange Aale und mit Köderfischen überwiegend über 55 cm lange Aale gefangen.

Eine halbkommerzielle Angelmethode für Aale auf kleineren stehenden Gewässern stellt die Aalpuppe dar. Sie bestand früher aus einem Binsenbündel oder Korkstück, heute eher aus einem schwimmenden Kunststoffbehälter. Um dieses Gebilde wird eine Schnur gewickelt, die etwa doppelt so lang wie das Gewässer tief ist. Am Ende der Schnur befindet sich ein beköderter Haken. Die Schnur wird beim Aussetzen nur etwa 1 m abgerollt und leicht festgeklemmt, sodass die Puppe frei im Gewässer treibt und abrollt wenn ein Fisch anbeißt.

Zum Angeln ist auch das früher, meist um Nord- und Ostsee, gebräuchliche „Pöddern“ oder „Budden“ zu zählen. Es ist eine Form des Fischens ohne Haken. Dazu werden auf einen starken Hanf- oder Wollfaden mit einer Ködernadel etwa 20-60 Stück nicht zu kleine Regen- oder Tauwürmer der Länge nach aufgezogen, bis eine 1-3 m lange wurmumhüllte Schnur entstanden ist. Diese Schnur wird dann um die Hand gewickelt und die so entstandenen Schlaufen mit einem Faden an einer Stelle fest zusammengebunden, wobei auch die Enden mit zu erfassen sind. Das so entstandene Knäuel oder Bündel hat etwa 10 Schlaufen. An eine 1-2 m lange starke Rute (Stiel oder Stock) wird nun eine Schnur von etwa 2-4 m Länge gebunden, auf dessen Ende ein mindestens 100 g schweres Gewicht, am besten Blei (Pödderblei), befestigt und unter das Blei wird das Wurmbündel eventuell an einem Karabiner gehängt. Dieser Köder (der Pödder) wird nun, am besten von einem Boot aus, bis wenige Zentimeter über dem Grund ins Wasser gehängt, wobei leichtes Auf- und Abbewegen vorteilhaft ist. Erfolgt ein Anbiss, so ist dies meist an einem leichten Ziehen oder Rucken bemerkbar. Der Aal (manchmal auch mehrere gleichzeitig) verbeißt sich dabei im Wurmknäuel und bleibt mit den Zähnen in den Fasern hängen. Gleich darauf muss die Schnur gleichmäßig und nicht zu hastig aus dem Wasser gezogen werden. Erst über Wasser ist Eile geboten, da der Aal von den Fasern leicht wieder abfallen kann. Damit der Weg über der Wasseroberfläche nicht zu lange ist, wird der Aal oft auch in einen schwimmenden Holzkasten oder einen Netzkescher befördert. Gute Fänge (bis zu 30 Aale pro Stunde) lassen sich dabei oft bei Westwind und hohen Tideständen erreichen.

GEFÄHRDUNG:

Wasserverschmutzungen mit Schwermetallen und Chemikalien führen zu einer Akkumulation dieser Stoffe im Körper und den Gonaden der Aale. Dioxinähnliche Schadstoffe wie Polychlorierte Biphenyle können dabei das Erbmaterial schädigen und die Fruchtbarkeit der Laichfische, sowie die Überlebensrate der Embryonen reduzieren und so die Reproduktion der Aale behindern.

Klimaveränderungen und deren Auswirkungen tragen wesentlich zur Reduktion des Glasaalaufkommens bei. So wird mit dem Oszillationsindex im Atlantischen Ozean eine Veränderung von Wind und Temperatur verursacht, was das Ankommen von Glasaalen (*A. anguilla, A. rostrata*) verändert. Auch das El-Niño Phänomen im Pazifischen Ozean verursacht eine Veränderung der Strömung und Salinität, was das Aufkommen von Glasaalen (*A. japonica*) dort stark beeinflusst.

Querverbauungen und Wanderhindernisse wie Dämme und Wehre an Fließgewässern behindern und erschweren die Wanderung der Aale erheblich. Diese Bauwerke reduzieren in Europa die für Aale erreichbaren Lebensräume um etwa 25-50 %.

Wasserkraftwerke verletzen oder töten die Aale sogar in einem erheblichen Ausmaß. So werden bei Kraftwerken je nach Turbinentyp und Wasserdurchfluss jeweils etwa 30-40 % der abwandernden Blankaale, vor allem größere Weibchen, verletzt oder etwa 10-20 % gar getötet. Die Mortalität (Fangrate) durch die Fischerei liegt bei etwa 20-25 % und die Mortalität durch andere Ereignisse (Raubtiere oder Krankheiten) bei etwa 10-30 %, sodass insgesamt etwa 30-40 % der abwandernden Blankaale das Meer erreichen.

Fischfressende Räuber, wie massenhaft auftretende Wasservögel, können Aale ebenfalls stark gefährden. So beträgt der Nahrungsanteil an Aalen beim Kormoran (*Phalacrocorax carbo*) in der Brutzeit und im Sommer etwa 10-40 % und im restlichen Jahr etwa 1-5 %. Im Durchschnitt ergibt sich durch den Kormoranfraß in Ostdeutschland ein Fangverlust an Aalen für die Fischerei von etwa 0,1-1,0 kg/ha und Jahr.

Erkrankungen können die Sterblichkeitsrate, vor allem der wandernden Blankaale, stark erhöhen. So ist anzunehmen, dass Aale bei denen die Schwimmblase durch den Schwimmblasenwurm (*Anguillicola crassus*) stark geschädigt ist, nicht ihr Laichgebiet erreichen. Ebenso ist es möglich, dass Aale, die mit Viren (*Herpesvirus anguillare*) infiziert sind, der Belastung und dem Stress bei der langen Laichwanderung nicht standhalten und zugrunde gehen.

Entwicklung des Glasaalaufkommens
in Prozent der 1960-1970er Jahre:
(Nach: Dekker in Brämick et al., 2009)

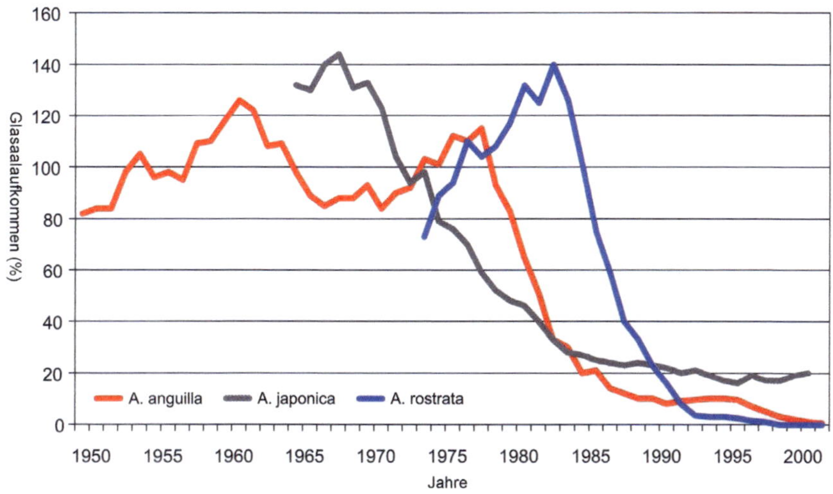

Verbleib des Glasaalaufkommens europäischer Küsten
von 695 t (Anfang der 1990er Jahre):
(Nach: Dekker in Knösche, 2002)

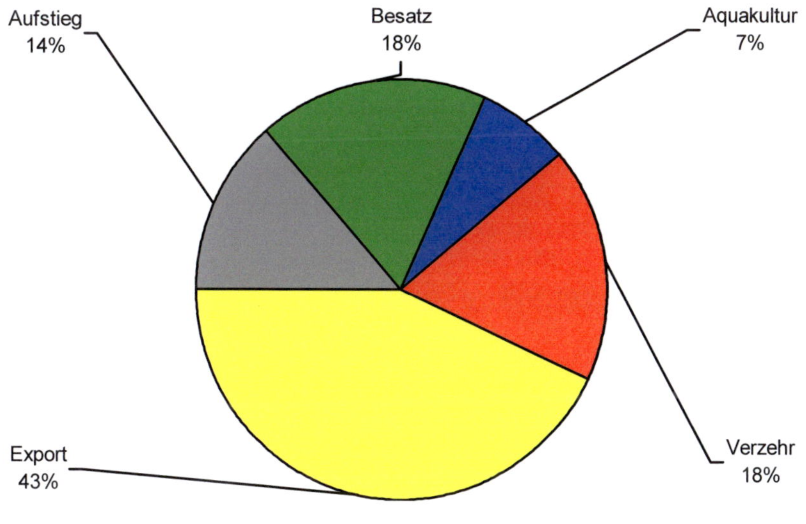

SCHUTZ:

Die vielfältigen Veränderungen und Belastungen verursachen einen starken Rückgang der Aalbestände. Auch wenn sich umweltbedingte Einflüsse nur schwer oder langsam beeinflussen lassen, so können anthropogene Einflüsse teilweise doch leicht und rasch verringert, und die Bestände auch durch gezielte Hilfsmaßnahmen gefördert werden.
Abwandernde Aale können durch Leitstrukturen, die am Gewässergrund aufgesetzt sind, zu etwa 75 % gut im Bypass um eine Turbine geleitet werden, sofern sich die Fließgeschwindigkeit dadurch nicht ändert. Da besonders abwandernde Blankaale auch sehr lichtscheu sind, können sie auch mit Lichtbalken (je Meter eine Unterwasserlampe mit 100-1.000 Watt), die im 30 Grad Winkel zur Strömung installiert werden, so zu etwa 85 % geleitet werden. Auch ein zeitweises Abschalten der Turbinen während der Hauptabwanderung (in der Nacht und bei Hochwasser) kann dazu beitragen, die turbinenbedingten Verluste an Blankaalen zu reduzieren.
Als Aufstiegshilfen für Glas- und Steigaale eignen sich spezielle Aalleitern. Dies sind abgedeckte Rinnen oder Rohre, die mit Reisig oder besser bürstenartigem Material quer zur Fließrichtung gefüllt, in einem Winkel bis zu 80 Grad an Stellen mit starker Lockströmung an Wanderhindernissen montiert werden. Zur besseren Auffindbarkeit der Aalleiter, wird diese mit einer Leitströmung, am besten mit etwas wärmerem Wasser, versehen. Der Wanderkorridor der Aalleiter selbst benötigt nur sehr geringe Wassermengen und einen Wasserstand von nur wenigen Millimetern, sodass sich die Jungaale am feuchten und rauen Material hochschlängeln können. Alternativ kann die Bürste auch seitlich geneigt eingebaut werden, sodass sich die Jungaale die für sie optimale Wassertiefe oder -strömung selbst aussuchen können.
Mit einem Exportverbot für Glasaale (nach Asien) kann fast eine Verdopplung der verfügbaren Glasaalmenge für europäische Binnengewässer und Aufzuchtanlagen erreicht werden. Ein solches Exportverbot für Glasaale besteht schon seit den 1970er Jahren in Korea und seit den 2000er Jahren in Taiwan.
Der Besatz mit Glas- oder Steigaalen aus Gebieten, in denen die Aaldichte hoch ist, kann die Überlebensrate und den Anteil der Weibchen erhöhen und so schließlich zu einem höheren Vermehrungspotential beitragen. Um das Produktionspotential der europäischen Gewässer auszu-schöpfen, müssten mindestens 0,1 kg Glasaale/ha (= 300 St./ha) eingesetzt werden. Der Besatz erfolgt meist mit 100-500 Stück Glasaalen oder 30-90 Stück Satzaalen je Hektar.

Mit einem Besatz von 15-30 Stück Glasaalen (á 0,2-0,4 g und 6-8 cm) oder 5-10 Stück Satzaalen (á 10-50 g und 15-30 cm) je Hektar kann in Gewässern Mitteleuropas ein Ertrag von rund 1 kg/ha erreicht werden. In kleineren Gewässern können die Besatzzahlen je Flächeneinheit im Allgemeinen geringer als in größeren Gewässern sein, um den gleichen Effekt zu erzielen. Je höher allerdings die bereits vorhandene Aalbestandsdichte ist, desto größer müssen die Besatzzahlen werden, um noch ertragssteigernd zu wirken. Jahrelanger starker Aalbesatz führt in jedem Fall zu einer Erhöhung des Flächenertrags, aber meist zu einer Senkung der Durchschnittsgewichte und eventuell zu einer Erhöhung des Männchenanteils. Die Fangwirksamkeit eines Jahrgangs beträgt etwa 2-4 Jahre. Die Rückfangrate beträgt bei Glasaalen etwa 5-15 % und bei Satzaalen etwa 30-60 %. Dabei steigt die Überlebensrate und Bestandsdichte der Aale meist mit abnehmender Sichttiefe und zunehmendem Trophiegrad der Gewässer; aber die Wiederfangrate sinkt oft mit der Besatzmenge. Die Wiederfangrate hängt aber auch von der Herkunft der Aale (Wildaale meist besser als Farmaale) und vom Gewässer selbst ab, denn in flachen Seen ist sie generell höher, als in tiefen Seen. Kleinere Satzaale (10-30 g) mit undifferenzierten Gonaden sind als Besatzmaterial vorzuziehen, da diese durch Umwelteinflüsse einen höheren Weibchenanteil erwarten lassen, welche größer werden. Im Allgemeinen ist die Wandertendenz bei größeren Satzaalen (30-50 g) nicht mehr so ausgeprägt, wie bei Glas- oder Steigaalen. Sie werden daher bevorzugt dort eingesetzt, wo ein Weiterwandern unerwünscht ist. Eine Beschränkung (1-3 Stück Reusen je 100 ha) oder Verbot bestimmter Fanggeräte (Schleppnetz) kann den Befischungsdruck generell verringern. Mindestmaschenweiten (ca. 15-20 mm) in Reusen und Mindestfangmaße (ca. 40-50 cm) können den Fang zu kleiner und junger Aale verhindern. Der Fang von Kleinaalen ist nur dann sinnvoll, wenn es sich um abwandernde Blankaale und nicht um sesshafte Gelbaale handelt. In Binnengewässern wäre es daher am besten, getrennte Mindestmaße für Blankaale (z.B.: 35 cm) und Gelbaale (z.B.: 55 cm) festzusetzen. Auch Schonzeiten (Fangverbot im Herbst bzw. Angelverbot in der Nacht) oder Schongebiete (Mündungsbereich) können dazu beitragen, den Befischungsdruck auf Aale zu reduzieren.
Eine Bestandsreduzierung der fischfressenden Vögel, vor allem des massenhaft auftretenden Kormorans (*Phalacrocorax carbo*), kann den für Fischerei und Abwanderung verfügbaren Aalbestand (um etwa 10-30 %) deutlich erhöhen. Dazu eignet sich neben dem wenig effektiven Abschuss von Einzeltieren, vor allem eine kontrollierte Reduktion der Gelege direkt in den größeren Brutkolonien.

Wiederfangrate in Abhängigkeit von der Besatzmenge
an Glasaalen in den 1950er bis 1960er Jahren in Polen:
(Nach: Leopold in Knösche et al., 2004)

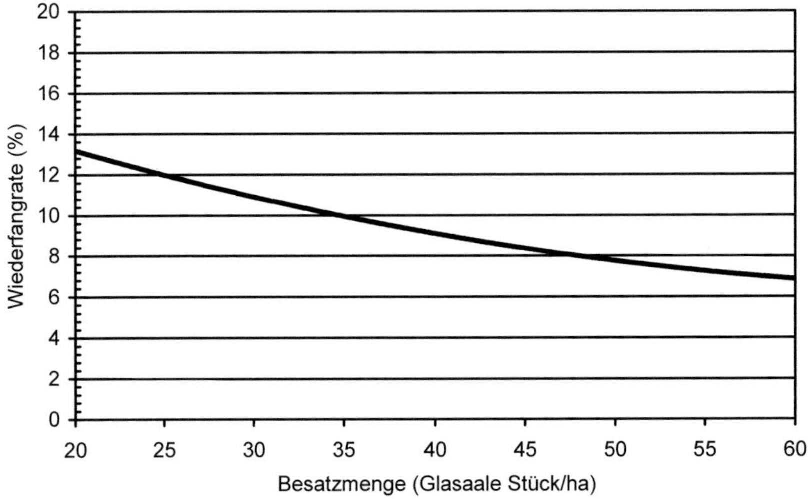

Beziehung von Aalertrag und zeitversetztem Aalbesatz
in Ostdeutschland:
(Nach: Knösche et al., 2004)

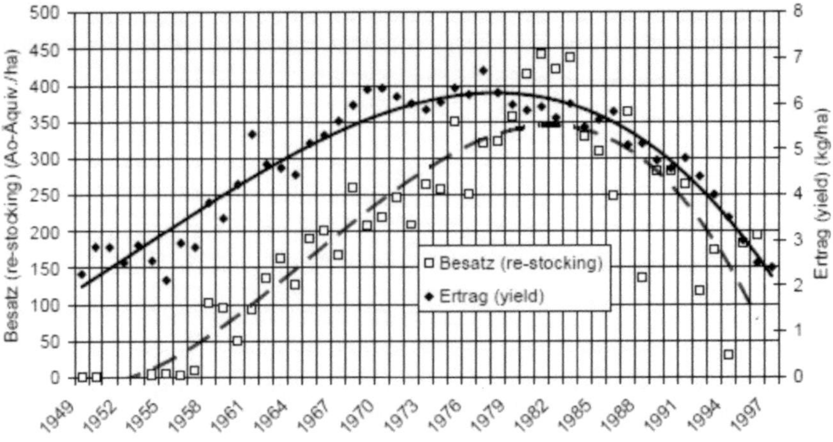

VERARBEITUNG:

Zum Ausnüchtern werden die Fische in abgedeckten Hälterbecken verschiedener Form und Größe bei einer Wassertemperatur von 10-20 °C 3-6 Tage gehältert, wobei der Gewichtsverlust etwa 1-2 %/Tag beträgt. Kleinere Aale magern dabei meist schneller ab als größere. In der Regel sollte der Wasserwechsel 5-mal pro Tag erfolgen und der Sauerstoffgehalt im Ablaufwasser nicht unter 4 mg/l liegen. Die Besatzdichte kann dabei bis zu 100 kg/m^3 betragen. Bei längerer Hälterung über 2-4 Wochen, beträgt der Gewichtsverlust etwa 0,1-0,2 %/Tag, wobei etwa 10-30 Cal/kg und Tag verbraucht werden und der Wassergehalt steigt, während der Trockensubstanzgehalt sinkt.
Zum Schlachten werden die Aale getötet. Dies geschieht bei kleineren Mengen durch schnelles Durchtrennen der Wirbelsäule hinter dem Kopf mit einem scharfen Messer, bzw. am Besten gleich des ganzen Kopfes. Bei größeren Mengen wird vorher oft mit Gleichstrom betäubt. Dazu kommen die Fische in einen Behälter mit Wasser (Leitfähigkeit 600-900 µS) der mit Plattenelektroden ausgestattet ist. Die Betäubung erfolgt mit Gleichstrom (4 Volt je cm Elektrodenabstand und 0,1 Ampere je dm^2 Elektrodenfläche) für 5 Minuten. Alternativ kann man die Aale in sehr kalter (-20 °C) Salzlösung (25 % NaCl) für 1-2 Minuten betäuben.
Zum Entschleimen kommen die Aale (1:1-2) für 5-10 Minuten in eine Ammoniaklösung (0,5-1,0 % NH_3) oder Sodalösung (5-10 % Na_2CO_3), wobei gelegentlich umgerührt wird. Der Gewichtsverlust durch das Entschleimen beträgt meist 1-5 %.
Zum Ausnehmen wird zunächst die Bauchseite mit einem kleinen, speziell geformten hakenförmigen Messer etwa 2-3 cm hinter dem After bis zum Kopf hin aufgeschnitten. Dann werden die Eingeweide entfernt, ohne diese zu verletzten. Um die Griffigkeit zu erhöhen, kann der Aal mit Salz bestreut werden. Anschließend wird der Fisch gründlich gereinigt und gewaschen. Der Gewichtsverlust durch das Ausnehmen beträgt meist 5-10 %.
Zum Häuten wird die Haut hinter dem Kopf rundherum eingeschnitten und anschließend am Besten mit einer Zange vom Fisch gezogen.
Zum Filetieren wird ein langes dünnes Messer direkt über der Wirbelsäule vom Kopf in Richtung Schwanzflosse gezogen und die Seitenhälfte vom Kopf geschnitten. Anschließend wird die andere Seite hinter dem Kiemendeckel und Brustflossen bis zur Wirbelsäule eingeschnitten und auch diese Seitenhälfte von der Wirbelsäule getrennt. Die so erhaltenen Hälften werden noch zugeschnitten und gesäubert.

Zum Einsalzen werden die Aale (1:1) in einer Salzlösung (10-30 % NaCl) für 10-30 Minuten eingelegt, anschließend gewaschen und geräuchert. Die Salzlösung wird nur einmal verwendet und anschließend entsorgt.
Zum Räuchern werden die eingesalzenen Aale mit einer Schnur um den Kopf aufgehängt oder mit einer Stange durch die Kiemen aufgespießt. Die Bauchlappen werden meist mit kleinen, kurzen Holzstücken auseinander gehalten. Das Trocknen, Räuchern und Garen erfolgt jeweils für etwa 30-60 Minuten bei 30-40 °C, 50-60 °C und 70-90 °C, in einem Räucherofen aus Stein oder Metall. Für den Räuchervorgang selbst wird meist Hartholz (Buche, Eiche, Erle oder Teak) verwendet, wobei Teakholz dabei auch die Haltbarkeit wesentlich verlängert. Vor der Verpackung lässt man die Räucheraale abkühlen. Die Haltbarkeit geräucherter Aale beträgt bei kühler Lagerung etwa 1-2 Wochen. Der Gewichtsverlust durch das Räuchern liegt meist bei 15-20 %.
Zum Einlegen werden die gehäuteten Aale in 4-5 cm lange Stücke geschnitten und im Wasser mit 1 % Essig und 3 % Salz für 10-30 Minuten gekocht. Anschließend werden die Aalstücke (1:1) in etwa 10 %iger Gelatinelösung, die aus dem Kochsud hergestellt wird, eingelegt.
Zum Frosten sollten die Fische rasch, möglichst einzeln (glasiert oder vakuumverpackt), eingefroren werden. Um die erforderliche Kerntemperatur (-10 °C) beim Einfrieren schnell zu erreichen und damit die Bildung von großen Eiskristallen im Fleisch zu verhindern, sollte die Gefriergeschwindigkeit mindestens 1-2 cm je Stunde betragen.
Zum Glasieren wird der frisch gefrostete Fisch ein bis zweimal kurz in sehr kaltes Wasser getaucht und erhält so eine schützende Eishülle, welche auch die Fettoxydation verlangsamt. Da auch im gefrosteten Zustand die Eiweißdenaturierung und Fettoxydation, wenn auch wesentlich verlangsamt, von statten geht, sollten Fische bei -18 °C generell nicht länger als 3-6 Monate gelagert werden.
Zum Verpacken werden die Fische oder Filets am Besten vakuumverpackt und/oder gefrostet, um das Austrocknen zu verhindern und die Haltbarkeit zu verlängern. Seit einiger Zeit werden Filets auch unter Schutzatmosphäre verpackt und versiegelt, wobei die Luft durch Stickstoff ersetzt wird. In einigen Ländern werden filetierte Stücke von geräucherten Aalen mit Pflanzenöl oder gehäutete Stücke von eingelegten Aalen mit Gelatinelösung verpackt und bei 110-120 °C für 30-60 Minuten zu Vollkonserven sterilisiert.

Durchschnittlicher Fettgehalt von Gelb- bzw. Blankaalen
aus dem Elbe-Havel-Gebiet:
(Nach: Knösche, 2009)

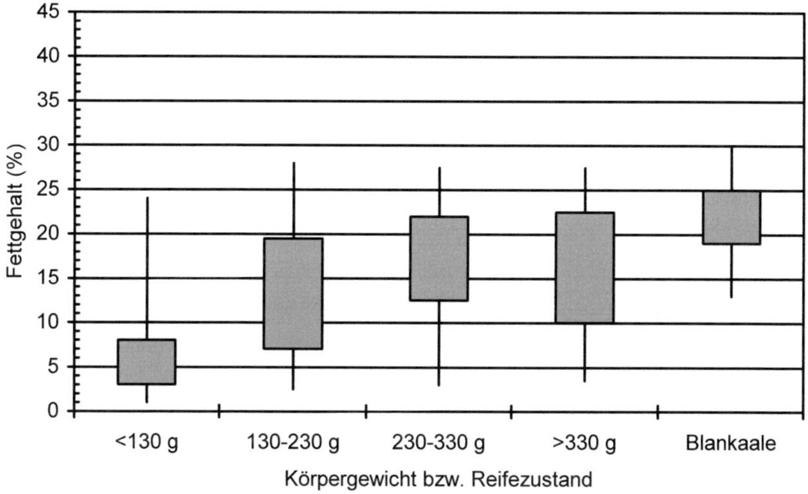

Durchschnittlicher Fettgehalt von Körperteilen
30-720 g schwerer Aale aus dem Oder-Haff-Gebiet:
(Nach: Tesch et al., 1999)

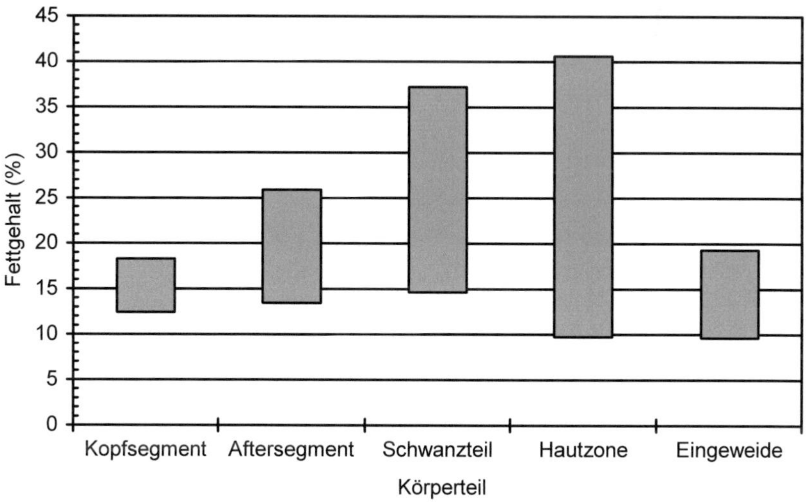

Bei der Verarbeitung von Fischen sind nur Trinkwasser, sowie leicht zu reinigende Materialien (wie Edelstahl, Kunststoff usw.) zu verwenden. Die aktuellen Vorschriften, wie Tierschutz-, Marktordnungs-, Lebensmittel-, Bedarfsgegenstände-, Etikettierungsgesetz, sowie Zusatzstoff-, Höchstmengen-, Kennzeichnungsverordnung und Hygienebestimmungen, etc. sind zu beachten.

Die dicke und zähe Haut der Aale, welche etwa 5-10 % des Körpergewichts ausmacht, wird gelegentlich auch zu Leder verarbeitet und daraus verschiedene Gegenstände hergestellt (siehe Abb.).

Das im Blut der Aale vorkommende Gift, ein Eiweiß, das als Ichthyotoxin (Fischgift) bezeichnet wird, hat blutzersetzende (hämolytische) Wirkung. Aalgift reizt örtlich die Schleimhäute, es kann zu Muskelkrämpfen und Brechdurchfall führen und bei Aufnahme durch offene Wunden können Entzündungen und Lähmungen auftreten. Bei Säugetieren wirken Dosen von 0,1-0,2 mg Aalblut/kg Körpergewicht tödlich. Durch die übliche Speisezubereitung (Erhitzen über 60-70 °C) wie Kochen und Braten wird das Toxin jedoch zerstört.

Aale werden meist gekocht oder gebraten sowie geräuchert oder eingelegt. Im Podelta in Italien werden Aale mindestens seit dem 17. Jahrhundert auch in Essig mariniert. Das feste, weiße Fleisch der Aale ist wohlschmeckend und grätenarm. Der Wassergehalt im Fleisch liegt bei 50-80 %, der Eiweißgehalt bei 10-20 % und der Fettgehalt, je nach Größe, Reifegrad und Fangzeit der Fische, bei 5-25 %. Spitzkopfaale und Blankaale haben fetteres Fleisch als Breitkopfaale und Gelbaale. Aale aus dem Litoral haben ebenfalls höhere Fettgehalte als Aale aus dem Profundal. Der Schwanzteil ist dabei stets etwas fettreicher als der Vorderteil der Fische. Die langkettigen n-3- und n-6-Fettsäuren spielen dabei eine besondere Rolle in der menschlichen Ernährung und sind in der Lage, Herz-Kreislauf-Erkrankungen vorzubeugen und zu heilen. Reichliche Zufuhr an diesen hochungesättigten Fettsäuren kann den Gesamtfettgehalt im Blutserum verringern, den Blutdruck senken und somit die Gefahr eines Herzinfarktes reduzieren. Als minimale bzw. optimale Bedarfswerte an diesen Fettsäuren gelten 100-200 bzw. 300-400 mg pro Tag oder 0,1-0,2 bzw. 0,3-0,4 % der Nahrungsenergie.

In Asien besteht die größte Nachfrage in Japan, wo etwa 90 % der Aale gegrillt verbraucht werden und ein Großteil davon vor allem aus Taiwan und China importiert wird. In Europa besteht die größte Nachfrage in Deutschland, wo etwa 90 % der Aale geräuchert verbraucht werden und ein Großteil des Bedarfs aus Nachbarländern importiert wird. Die bevorzugte Größe von Speiseaalen beträgt in Japan und China 120-250 g und in Deutschland und Dänemark 250-500 g.

Weltweite Exportmengen an Aalen (*Anguilla* spp.)
in Abhängigkeit vom Verarbeitungszustand:
(Nach: Shatz, 2000)

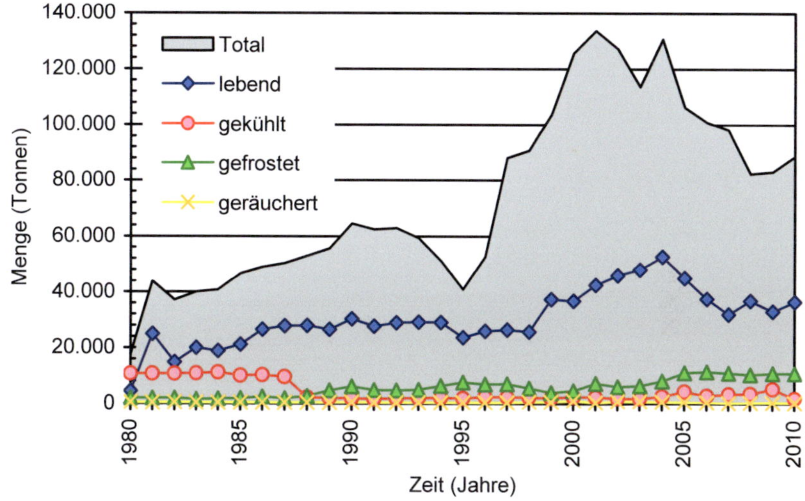

Verschiedene Gegenstände aus Aalleder. (Foto: M. Hochleithner)

ANHANG

Rezepte
für jeweils 4 Personen

SUPPEN:

Linsensuppe mit Räucheraal

Zutaten	Zubereitung
0,20 kg Räucheraal 0,10 kg rote Linsen 0,75 l Gemüsesuppe 0,25 l Weißwein 1 Karotte 1 Stiel Stangensellerie 2 Jungzwiebeln 1 Zitrone 0,05 kg Mascarpone Salz und Curry Petersilie	Die Linsen und die kleinwürfelig geschnittene Karotte und Sellerie in der Suppe mit Wein in ca. 5 Minuten weich kochen, die Hälfte davon pürieren und wieder in die Suppe geben. Mit Salz, Curry, Zitronenzeste und 1 Spritzer Zitronensaft, sowie dem Mascarpone abschmecken. Die fein geschnittenen Jungzwiebeln mit dem in kleine Würfel geschnittenen Räucheraal und der gehackten Petersilie in der Suppe kurz erhitzen und servieren.

KALTE VORSPEISEN:

Räucheraal-Aufstrich

Zutaten	Zubereitung
0,25 kg Räucheraal 0,125 kg Butter 0,125 kg Quark/Topfen Salz und Pfeffer 1 Zitrone (Saft) 1 EL Krensenf Dille und Schnittlauch	Die weiche Butter abrühren und mit dem enthäuteten, filetierten und passierten Aal und allen anderen Zutaten verrühren. Abschmecken und mit getoastetem Schwarzbrot servieren.

Aalterrine

Zutaten	Zubereitung
0,40 kg Aal 0,30 kg Seehecht 3 Eier 0,06 kg Butter 2 Sardellenfilet 0,25 l Crème fraîche 1 EL Weinbrand (Cognac) Salz und Pfeffer	Den Aal häuten und filetieren. Die Filets in wenig Butter ca. 2 Minuten braten, salzen und pfeffern. Eine Terrinenform ausbuttern, die restliche weiche Butter mit dem Seehecht und den Sardellen cuttern, die eisgekühlten Eiklar einarbeiten, dann die Crème fraîche, die Dotter und den Weinbrand, sowie etwas Salz und Pfeffer. In die Form eine Schicht Farce, Filet, Farce, Filet und mit Farce abschließen. Mit Alufolie abgedeckt im Wasserbad bei 130 °C ca. 70 Minuten pochieren. Eine Spicknadel 30 Sekunden lang hineinstechen. Wenn sie heiß ist, dann ist die Terrine fertig und kann lauwarm oder kalt mit Kräutersauce serviert werden.

WARME VORSPEISEN:

Angulas

Zutaten	Zubereitung
0,40 kg Glasaale 1/8 l Olivenöl 4 Knoblauchzehen 1 Chilischote (rot) 1 Rosmarinzweig	4 kleine Pfännchen mit Olivenöl auf dem Ofen erhitzen. Gehackten Knoblauch und Chili dazugeben. Glasaale und Rosmarin dazufügen und unter Rühren einige Sekunden braten. Sobald die Fische und das Öl heiß sind, sofort mit Holzbesteck servieren.

Glasaale auf Toast

Zutaten	Zubereitung
0,20 kg Glasaale 0,10 l Olivenöl 1 Schalotte 2 Knoblauchzehen 4 Scheiben Weißbrot 6 EL Weizenmehl Cayennepfeffer Senfpulver Salz und Pfeffer ½ Bund Petersilie 1 Zitrone	Glasaale gut in kaltem Wasser waschen und auf Küchenpapier trocknen. Gehackte Schalotte in Öl für 1-2 Minuten andünsten, gehackten Knoblauch, Salz und Pfeffer, sowie Brotscheiben dazugeben und für weitere 1-2 Minuten goldgelb braten. Weizenmehl, Senfpulver, Cayennepfeffer und Salz in einer Schüssel mischen. Die Glasaale in dieser Gewürzmehlmischung panieren und überschüssiges Mehlgemisch abschütteln. Öl in einer Pfanne erhitzen und für 1-2 Minuten die Glasaale dazugeben. Mit gehackter Petersilie und Zitronensaft abschmecken. Auf getoastetem Brot die Schalotten geben, gebratene Glasaale darauf und sofort servieren.

Räucheraal-Quiche

Zutaten	Zubereitung
0,25 kg Räucheraal 0,25 kg Blätterteig 1 Porree/Lauch 3 Eier 0,25 l Sauerrahm 10 Oliven 1/2 Zitrone Salz und Pfeffer	Den Blätterteig in eine Form legen und einige Male einstechen. Den zerkleinerten Räucheraal mit den halbierten Oliven und den in schräge Scheiben geschnittenen Lauch belegen. Den Sauerrahm mit Salz und Pfeffer, der abgeriebenen Zitronenschale und –saft, sowie den Eiern verquirlen und darüber gießen. Bei 220 °C ca. 30 Minuten backen. Fertige Quiche im Ganzen in der Form oder in Stücken auf Teller servieren.

HAUPTSPEISEN:

Kabayaki

Zutaten	Zubereitung
0,60 kg Aalfilet 0,10 l Sojasauce 0,10 l Süßer Sake Salz und Zucker	Enthäutetes Aalfilet in 12 cm lange Stücke schneiden und mit kleinen Spießen fixieren, damit sie gerade bleiben. Sojasauce und Reiswein mit etwas Salz und Zucker würzen und einkochen. Aalstücke an beiden Seiten mit etwas kochendem Wasser übergießen und anschließend in Dampf garen. Dann werden die Aalstücke in der Soja-Sake Sauce getaucht und am offenen Feuer kurz gegrillt. Dieser Vorgang wird etwa 3-mal wiederholt. Kabayaki wird in Japan traditionell mit gedämpftem Reis und eingelegtem Gemüse serviert.

Aalspieße

Zutaten	Zubereitung
0,75 kg Aal 1 Zucchino 2 Zwiebeln 1 Knoblauchzehe 2 Zitronen 0,15 l Olivenöl 1 EL Senf Salz und Pfeffer	Aal in 2-3 cm dicke, Zucchino in 1 cm dicke Scheiben schneiden, Zwiebel vierteln und abwechselnd auf Spieße stecken. 0,05 l Öl mit den Gewürzen und Saft und Schale von 1 Zitrone verrühren, die Spieße damit bestreichen und 1 Stunde marinieren. Im restlichen Öl rundum braten, ca. 5 Minuten rasten lassen, vorne ein Zitronenviertel aufspießen und mit Salat und Brot servieren.

Gegrillter Aal

Zutaten	Zubereitung
1,00 kg Aal 0,10 l Olivenöl 1 Knoblauchzehe 1 Schalotte Zitronenschale und -saft Rosmarin und Thymian Salz und Pfeffer	Für die Marinade alle Zutaten zusammen mischen und die in 10 cm lange Stücke geschnittenen Aale darin ca. 3 Stunden marinieren und anschließend über Holzfeuer grillen. Mit Gurken-Dillsalat oder Tomaten-Petersilsalat und Weiß- oder Fladenbrot servieren.

Aal mit Salbei

Zutaten	Zubereitung
1,00 kg Aal 0,08 l Olivenöl 1 Zitrone 4 Knoblauchzehen Semmelbrösel Salbei, Salz und Pfeffer	Knoblauch in Scheiben und Salbei in Streifen schneiden, mit Zitronensaft und -zeste mischen und den in 5 cm lange Stücke geteilten Aal damit 1 Stunde marinieren. Die Stücke abtropfen, in Brösel wälzen und mit Knoblauch und Salbei in Öl braten. Als Beilage eignet sich gut ein Kartoffel-Zucchinigratin.

Aal in Dillsauce

Zutaten	Zubereitung
1,00 kg Aal Schale von halber Zitrone Pfefferkörner, Lorbeerblatt 1 Zwiebel 1 Knoblauchzehe 2 EL Weinessig 2 Eidotter 1 Becher Crème fraîche 1 Bund Dille 1 TL Maisstärke Salz und Pfeffer	Einen halben Liter Wasser mit den Gewürzen und Essig 10 Minuten aufkochen und die 7-8 cm großen Aalstücke darin ca. 10 Minuten langsam köcheln. Crème fraîche mit Maisstärke verrühren und in den Sud einkochen, den gehackten Dill einstreuen und die Dotter unterrühren, nicht mehr kochen lassen. Mit Kartoffelrösti oder Bratkartoffel servieren.

Aal im Weinsud

Zutaten	Zubereitung
1,00 kg Aal 0,50 l Rotwein 1 Karotte 1 Stiel Stangensellerie 4 Jungzwiebeln 1 Petersielwurzel 2 Knoblauchzehen 1 Zwiebel Lorbeer und Kümmel Salz und Pfefferkörner 0,15 l Crème fraîche 0,05 l Öl etwas Mehl 1 TL Maisstärke Zitronenschale	Den Wein mit ½ l Wasser den Gemüse und Gewürzen ca. 30 Minuten kochen und auf die Hälfte reduzieren. Den gehäuteten Aal in 5 cm lange Stücke schneiden, leicht mehlen und im Öl rundherum anbraten, mit dem abgeseihten Sud aufgießen und 10 Minuten langsam köcheln lassen. Crème fraîche mit Maisstärke verrühren und einkochen, mit abgeriebener Zitronenschale bestreuen. Mit Kräuter- oder Wildreis servieren.

Fischeintopf mit Aal

Zutaten	Zubereitung
0,25 kg Aal 0,25 kg Steinbutt 0,25 kg Seezunge 0,25 kg Tintenfisch 0,10 kg Butter 0,50 l Weißwein 2 Zwiebeln 4 Knoblauchzehen 2 Lorbeerblätter Thymian und Rosmarin Salz und Pfeffer Petersilie	Den in Scheiben geschnittenen Zwiebel und Knoblauch in Butter glasig dünsten, Tintenfisch in Ringe leicht mitbraten und mit dem Wein ablöschen. Lorbeer, Thymian, Rosmarin, Salz und Pfeffer dazu geben und 15 Minuten köcheln. Dann die Aalstücke 3 Minuten mitkochen, dann die Steinbuttwürfel 3 Minuten dazu, die Seezungenstücke dazu und noch einmal 3 Minuten köcheln lassen. Mit Petersilie bestreut servieren. In Frankreich legt man in tiefe Teller Baguettescheiben, die in Butter geröstet und mit Knoblauch eingerieben wurden und gibt den Eintopf darüber.

Entwicklung

Embryonalentwicklung der Aale am Beispiel von *Anguilla japonica*,

bei einer Wassertemperatur von ca. 23 °C:
(Nach: Yamamoto et al. in Hoestlandt, 1991)

Zeit ab Befruchtung	Stadium	Charakteristik
0,5 h	1-Zell	Nach Quellung, Ei ca. 1,3 mm Ø.
1,5 h	2-Zell	Erste Zellteilung.
2,0 h	4-Zell	Zweite Zellteilung.
3,0 h	16-Zell	Dritte Zellteilung.
4,0 h	Morula	3-4 Zellschichten.
6-8 h	Blastula	Blastocoel sichtbar.
9-12 h	Gastrula	Blastoderm bedeckt 25 % des Dotters.
13-18 h	Körperformation	Blastoderm bedeckt 33-66 % des Dotters.
19-24 h	Blastoporeformation	Kopf differenziert.
25-27 h	Augenformation	Schwanzspitze formiert.
28-33 h	Herzformation	Etwa 32 Somiten.
34-37 h	Herzschlagbeginn	Embryo bedeckt ganzen Dotter.
38-45 h	Schlupf	Flossensaum entwickelt.

Larvenentwicklung der Aale am Beispiel von *Anguilla japonica*,

bei einer Wassertemperatur von ca. 23 °C:
(Nach: Yamamoto et al. in Hoestlandt, 1991)

Zeit ab Schlupf	Länge	Charakteristik
0 Tage	2,9 mm	Maul und After ungeöffnet. Etwa 40 Somiten.
1 Tage	4,8 mm	Gehirn differenziert, Darm entwickelt.
3 Tage	5,3 mm	Maul und After geöffnet, Brustflossen erscheinen.
5 Tage	6,2 mm	Kiefer entwickelt, Zähne angelegt.
7 Tage	6,5 mm	Augen pigmentiert, Zähne differenziert.
9 Tage	7,0 mm	Maul nach vorne gerichtet, Brustflossen vorhanden.

Larvenentwicklung der Aale am Beispiel von *Anguilla japonica*:

(Nach: Tanaka in Aida et al., 2003; Fisheries Research Agency Japan)

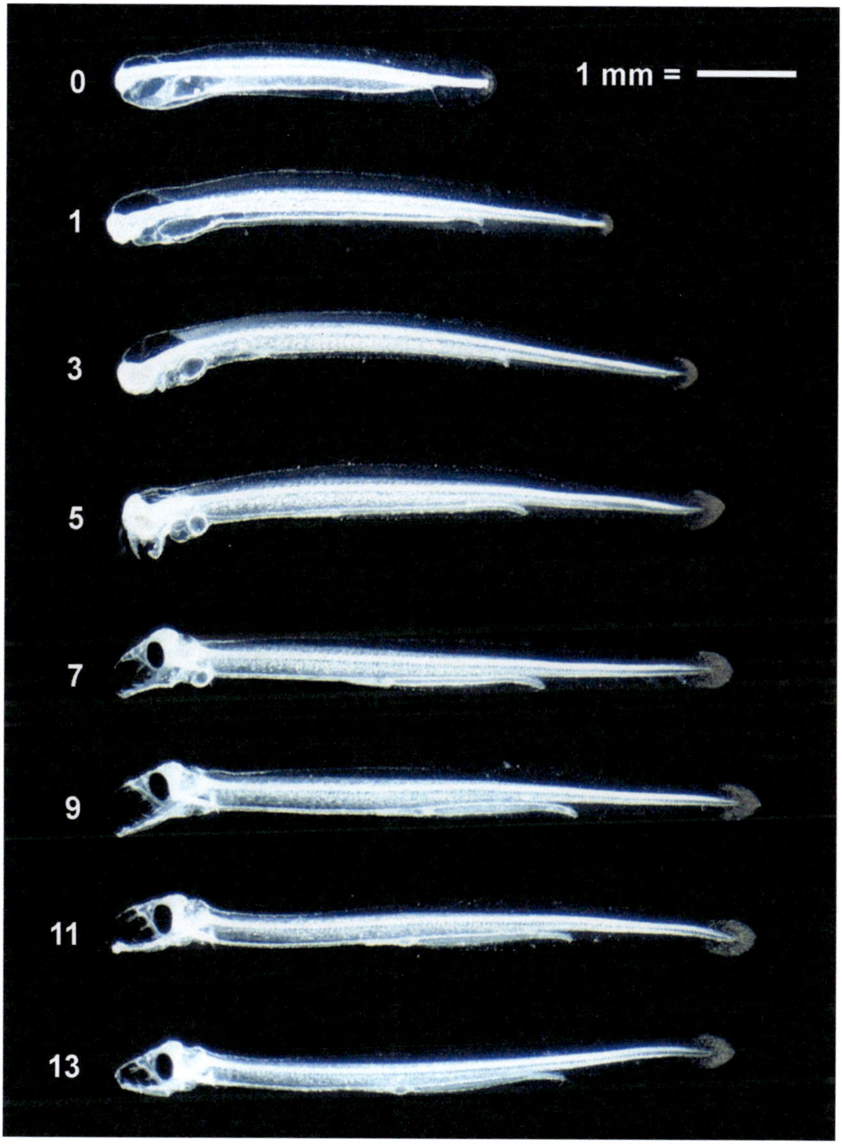

Zahlen sind Alter in Tagen nach Schlupf.

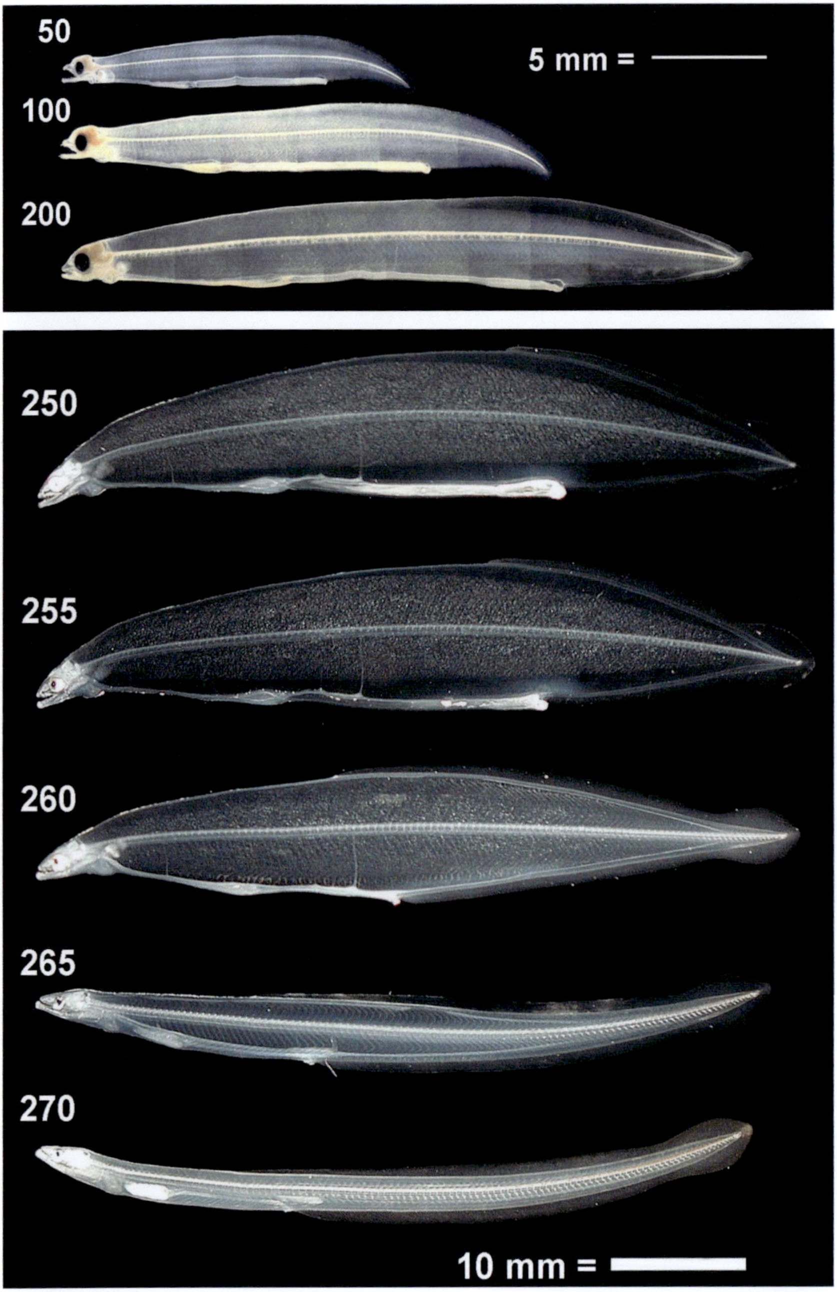
50
5 mm =
100
200
250
255
260
265
270
10 mm =

Krankheiten

Viren (Vira):
Dies sind in Zellen vorkommende (intrazelluläre), submikroskopische Parasiten, die entweder Ribonukleinsäure (RNS) oder Desoxyribonukleinsäure (DNS) aufweisen und über eine Schutzhülle verfügen, die nur aus Proteinen besteht oder sich aus Proteinen und Lipid- oder Kohlenhydratbestandteilen zusammensetzt. Innerhalb lebender Zellen können sie sich sehr zahlreich vermehren und dabei ihren Wirt schädigen.

Bakterien (Bacteria):
Dies sind mikroskopisch kleine, einzellige Organismen ohne echten, klar umrissenen Zellkern, die sich im Allgemeinen durch Zellteilung vermehren. Einige Bakterien (Prokaryonten) können, vor allem unter intensiven Haltungsbedingungen, zu Erkrankungen führen (*Aeromonas, Pseudomonas, Flexibacter, Vibrio*).

Pilze (Fungi):
Dies sind chlorophyllfreie Organismen mit heterotropher Ernährung, die sich durch Sporen verbreiten und vermehren. Einige Niedere Pilze (Oomycetes) wie die Wasserschimmelpilze (Saprolegniacea) dringen oft in verletzte Hautstellen der Fische oder Eier ein und können daher Verluste verursachen (*Achlya, Dictyuchus, Leptomitus, Pythiopsis, Saprolegnia*).

Einzeller (Protozoa):
Dies sind einzellige Tiere, die kaum oder gar nicht zu Gewebesystemen differenziert sind. Einige Klassen können vor allem bei schlechten Umweltbedingungen Erkrankungen hervorrufen, wie Geißeltierchen (Flagellata), Wimpertierchen (Ciliata), Sporentierchen (Sporozoa), Myxotierchen (Myxozoa).

Vielzeller (Metazoa):
Dies sind mehrzellige Tiere, die ihre Energie durch die Verdauung von Nährstoffen gewinnen und deren Zellen zu Geweben organisiert sind. Einige Klassen können Erkrankungen hervorrufen, indem sie in oder auf anderen Organismen parasitieren. Meist ist das Verhältnis Parasit zu Wirt ausgeglichen und die Parasiten schädigen den Wirt nicht zu sehr. Bei Massenbefall sind jedoch auch Schädigungen und Verluste möglich. Je nach Befall werden Innen- und Außenparasiten unterschieden.

INNENPARASITEN (Endoparasiten):

Plattwürmer (Plathelminthes):

Saugwürmer (Trematoda) haben an ihrer Unterseite, zumeist in der Nähe des vorderen Körperendes, eine Mundöffnung und befallen die Körperorgane. Monogenea haben keinen Wirtswechsel und die Entwicklung erfolgt direkt am Endwirt. Digenea benötigen ein oder zwei Zwischenwirte, wobei der erste Zwischenwirt stets ein Weichtier (Muschel oder Schnecke) ist. Der Endwirt, in dem die Parasiten geschlechtsreif werden, ist ein Wirbeltier (Fische, Amphibien, Reptilien, Vögel oder Säugetiere). Meist sind es die Larven der Parasiten, die Erkrankungen bei den Fischen verursachen. Die meisten Arten sind Zwitter und sehr wirtsspezifisch.
Bandwürmer (Cestoda) sind ebenfalls Zwitter und kommen als adulte Parasiten im Verdauungstrakt der Endwirte (Wirbeltiere) vor. Sie haben keinen Darm und sind durch das Vorhandensein eines Kopfes (Scolex) gekennzeichnet, der zur Verankerung an der Darmwand des Wirtes mit einer Krone aus Häkchen, Sauggruben oder Saugnäpfen ausgestattet ist. Die Nahrungsaufnahme erfolgt über die gesamte gegliederte Körperoberfläche. Als Larven benötigen sie einen oder mehrere Zwischenwirte, meist andere Wirbeltiere oder Gliedertiere (Insekten, Krebse) und enzystieren oft in den inneren Organen (Leber, Gehirn) oder Muskulatur der Zwischenwirte.

Rundwürmer (Nemathelminthes):

Fadenwürmer (Nematoda) sind zylindrische, spitz zulaufende Würmer mit einfachem Körperbau. Sie besitzen eine widerstandsfähige, muskulöse Außenhaut (Cuticula), die im Verlauf des Lebens viermal gehäutet wird. In ihrem Inneren befindet sich ein Darmrohr, dazwischen liegen flüssigkeitsgefüllte Hohlräume (Pseudocoel). Ihr Körper wird durch den Druck der Körperflüssigkeit gestützt (Hydroskelett). Sie sind getrenntgeschlechtlich, wobei die Weibchen meist bedeutend größer als die Männchen sind, und ernähren sich in der Regel durch Einsaugen von Flüssigkeiten oder die Aufnahme kleiner, weicher Nährstoffteilchen.
Kratzer (Acanthocephala) sind getrenntgeschlechtlich, sie besitzen weder Darm noch Blutkreislaufsystem und nehmen sämtliche Nährstoffe über die Körperwände auf. Sie haben am Kopf ein mit Haken besetztes, rückziehbares Halteorgan, mit dem sie sich im Darm von Wirbeltieren festsetzen. Sie benötigen ein bis zwei Zwischenwirte. Die Eier werden mit dem Kot des Wirtes ausgeschieden und von Wirbellosen aufgenommen, in deren Gewebe sich die Larven einbohren.

AUßENPARASITEN (Ektoparasiten):

Plattwürmer (Plathelminthes):
Hakenwürmer (Monogena) heften sich mit Hilfe muskulärer Haftscheiben, die oft Haken besitzen, an ihren Wirt und befallen die Haut, Flossen und Kiemen. Sie haben einen direkten Lebenszyklus mit nur einem Wirt. Alle Plattwürmer sind einfach gebaut, sie haben weder After noch Blutkreislauf, aber bereits echte Organe und sind Zwitter.
Strudelwürmer (Turbellaria) sind frei lebend und keine echten Parasiten, sie können jedoch gelegentlich abgelegte Eier aussaugen.

Ringelwürmer (Annelida):
Einige Egel (Hirudinea) befallen die Haut oder Kiemen der Fische und ernähren sich vom Blut der Wirte. Egel sind abgeflachte, geringelte Würmer, die sowohl am Vorder- als auch am Hinterende mit je einer Saugscheibe ausgestattet sind. Sie sind Zwitter, wobei die Fortpflanzung meist mit einer Kopulation verbunden ist, bei der Sperma wechselseitig übertragen wird. Die Vermehrung der Parasiten erfolgt dabei nicht am Wirt, sondern am Boden, wo die zahlreichen Kokons meist an Steinen abgelegt werden.

Weichtiere (Mollusca):
Von den Muscheln (Bivalvia) sind manche Blattkiemer (Eulamellibranchiata) als Larven parasitär und enzystieren auf der Haut oder den Kiemen von Fischen. Dabei sind die Larven (Glochidien) oft sehr wirtsspezifisch.

Gliederfüßer (Arthropoda):
Einige Krebstiere (Crustacea), wie Ruderfußkrebse (Copepoda), Fischläuse (Branchiura) und Fischasseln (Isopoda) befallen die Haut oder Kiemen der Fische und ernähren sich vom Blut der Wirte. Bei den Ruderfußkrebsen sind oft nur die Weibchen parasitär. Bei den Fischläusen sind alle Stadien parasitär und können freischwimmend von Wirt zu Wirt wandern.
Wenige Spinnentiere (Arachnida), wie Milben (Acarina) befallen als Larven gelegentlich die Kiemen der Fische und wurden vor allem in Kreislaufanlagen gefunden. Die parasitären Larven entwickeln sich zu inaktiven sechsbeinigen Nymphen (Nymphophan), die vom Wirt brechen und sich nach einer aktiven freischwimmenden Phase an Vegetation heften, zu Puppen (Teleiophan) entwickeln, woraus sich das frei lebende geschlechtsreife achtbeinige Tier entwickelt.

Die häufigsten Parasiten der Aale:

(Nach: Matsui, 1984; Reichenbach-Klinke et al., 1980; Reimer, 2003; Scott et Crossmann, 1973; Tesch et al., 1999)

Parasit	**Wirt**

PROTOZOA (Einzeller)

Parasit	Wirt
***CILIATA* (Wimpertierchen):**	
Apiosoma cylindriformis	*an*
Helicostoma buddenbrocki	*an*
Ichthyophthirius multifiliis	*an, ja, ro*
Trichodina anguillae, T. fultoni, T. jadranica	*an*
Trichodinella epizootica	*an*
***FLAGELLATA* (Geißeltierchen):**	
Agamonema sp.	*ja*
Cryptobia branchialis, C. markewitschi	*an*
Trypanosoma granulosum, T. murmanensi	*an, ja, ro*
Spironucleus anguillae	*an*
***HAPLOSPORA* (Haplotierchen):**	
Dermocystidium anguillae	*an*
***MICROSPORA* (Mikrotierchen):**	
Pleistophora anguillarum	*an, ja*
***MYXOSPORA* (Myxotierchen):**	
Glugea sp.	*an*
Hoferellus gilsoni	*an*
Myxidium anguillae, M. enchelypterygii, M. giardi, M. matsui , M. truttae	*an, ja, ro*
Myxobolus carassi	*ja, ro*
Myxosoma anguillae, M. dermatobia	*ja*
Sphaerospora spaerocapsulara	*an*
***SPOROZOA* (Sporentierchen):**	
Eimeria anguillae	*an, ro*

Abkürzungen:

L = Larve; *an = A. anguilla; au = A. australis; be = A. bengalensis; bi = A. bicolor; di = A. dieffenbachii; ja = A. japonica; ob = A. obscura; ma = A. marmorata; mo = A. mossambica; re = A. reinhardtii; ro = A. rostrata;*

METAZOA (Vielzeller)

CESTODA **(Bandwürmer):**

Bothriocephalus claviceps, B. japonicus, B. scorpii, B. travassosi	*an, ja, ma, ro*
Diphyllobothrium latum (L)	*an*
Grillotia erinaceus (L)	*an*
Nybelinia anguillicola (L)	*ja*
Rhynchobothrium heterospine (L)	*ro*
Proteocephalus macrocephalus, P. percae	*an, ro*
Scolex pleuronectis (L)	*an*
Tentacularia sp. (L)	*an*
Triaenophorus nodulosus (L)	*an*

MONOGENA **(Hakenwürmer):**

Dactylogyrus vastator	*an*
Gyrodactylus anguillae, G. nipponensis	*an, au, ja, re*
Pseudodactylogyrus bini, P. anguillae	*an, ja, mo, re*

TREMATODA **(Saugwürmer):**

Asymphylodora demeli	*an*
Azygia acuminata, A. anguillae, A. longa, A. lucii	*an, ja, ro*
Brachyphallus crenatus	*an*
Bucephalus polymorphus	*an*
Bunodera luciopercae	*ro*
Centrovarium lobotes	*ro*
Crepidistomum brevitellum, C. cornutum	*ro*
Crowcocaecum skrjabini	*an*
Derogenes varicus	*ro*
Deropristis inflata	*an, ro*
Diplostomum flexicaudum, D. spathaceum	*an, ro*
Haplorchis anguillarum	*ma*
Helicometra fasciata	*an*
Hemiurus communis, H. levinseni	*an, ro*
Lecithochirium gravidum, L. microstomum, L. rufoviride	*an, ro*
Microphallus opacus	*ro*
Nicolla allahababensis, N. gallica, N. indica	*an, be*
Opegaster anguilli, O. jamnica	*be*
Paracordicoloides yamagutii	*re*
Phyllodistomum anguillae, P. lesteri	*ja*
Plagioporus angulatus, P. angusticollis	*an*
Podocotyle atomon, P. ollsoni	*an, ro*
Proctotrematoides pisodontophicis	*ja*
Sphaerostoma bramae	*an*
Stegodexamene anguillae, S. callista	*au, di, ob, re*
Stephanostomum tenue	*ro*
Sterrhurus grandiporum, S. musculus	*an, ja, ro*
Telogaster opisthorchis	*au, di*
Tetracerasta blepta	*re*
Tricothyledonia prudhoei	*au, di*
Tubanguia anguillarum	*ma*
Tubulovesicula anguillae, T. angusticauda, T. pinguis	*ja, re, ro*

***NEMATODA* (Fadenwürmer):**

Anguillicola crassus, A. globiceps,	*an, ja, ro, ma*
A. australensis, A. novaezelandica, A. papernai	*au, di, mo, re*
Ascarophis arctica	*an*
Camallanus lacustris, C. truncatus	*an*
Campanarougetia campanarougetiae	*ma*
Capillaria sp.	*an*
Contracaecum microcephalum, C. rudolphi, C. squalii (L)	*an*
Cosmocephalus obvelatus (L)	*an*
Cucullanus anguillae	*an*
Cystidicoloides tenuissima	*ro*
Daniconema anguillae	*an*
Eustrongylides mergorum (L)	*an*
Goezia sp.	*an*
Haplonema hamulatum	*an*
Hedruris spinigera	*au, di*
Heliconema anguillae, H. africanum	*ja, mo*
Hysterothylacium aduncum (L)	*an*
Ichthyobronema gredini	*an, ja*
Johnstonmawsonia sp.	*ro*
Metabronema salvelini	*ro*
Ortleppina longissima	*mo*
Paracuaria adunca (L)	*an*
Paraquimperia aditum, P. anguillarum, P. tenerrima	*an, be, ro*
Philometra abdominalis, P. ovata, P. sanguinea (L)	*an, ja*
Philometroides anguillae	*ja, re*
Porrocaecum reticulatum (L)	*an*
Procamallanus anguillae, P. armatus, P. pacificus	*bi, ma, ob, re*
Pseudocapillaria tomentosa	*an*
Pseudoterranova decipiens (L)	*an*
Raphidascaris acus	*an*
Rhabdochona aegypticus, R. anguillae	*an*
Spinitectus inermis	*an*

***ACANTHOCEPHALA* (Kratzer):**

Acanthocephalus anguillae, A. clavula, A. gotoi, A. jacksoni, A. lucii	*an, ja, ro*
Acanthocephaloides incrassatus, A. propinquus	*an*
Corynosoma semerme (L)	*an*
Echinorhynchus coregoni, E. gadi, E. lateralis	*an, ro*
Leptorhynchoides thecatus	*ro*
Longicollum alemniscus	*ja*
Metechinorhynchus salmonis	*an*
Neoechinorhynchus cylindratus, N. rutili	*an, ro*
Paratenuisensis ambiguus	*an, ro*
Pomphorhynchus bosniacus, P. laevis	*an*
Pseudoechinorhynchus clavula	*an*
Telosentis australensis	*re*

***HIRUDINA* (Egel):**

Cystobranchus respirans	*an*
Piscicola geometra	*an*

***CRUSTACEA* (Krebstiere):**

Argulus foliaceus, A. giordani	*an*
Ergasilus fryeri, E. caeruleus, E. celestis, E. gibbus, E. sieboldi	*an, ro*
Lernaea cyprinacea	*an, ja*
Lernaeocera branchialis (L)	*an*

***BIVALVIA* (Muscheln):**

Anodonta sp. (L)	*an*
Unio tumidus (L)	*an*

***FUNGI* (Pilze):**

Achlya flagellata	*an*
Branchiomyces demigrans	*an, ja*
Ichthyophonus hoferi	*an*
Saprolegnia ferax, S. mixta, S. parasitica	*an, ja*

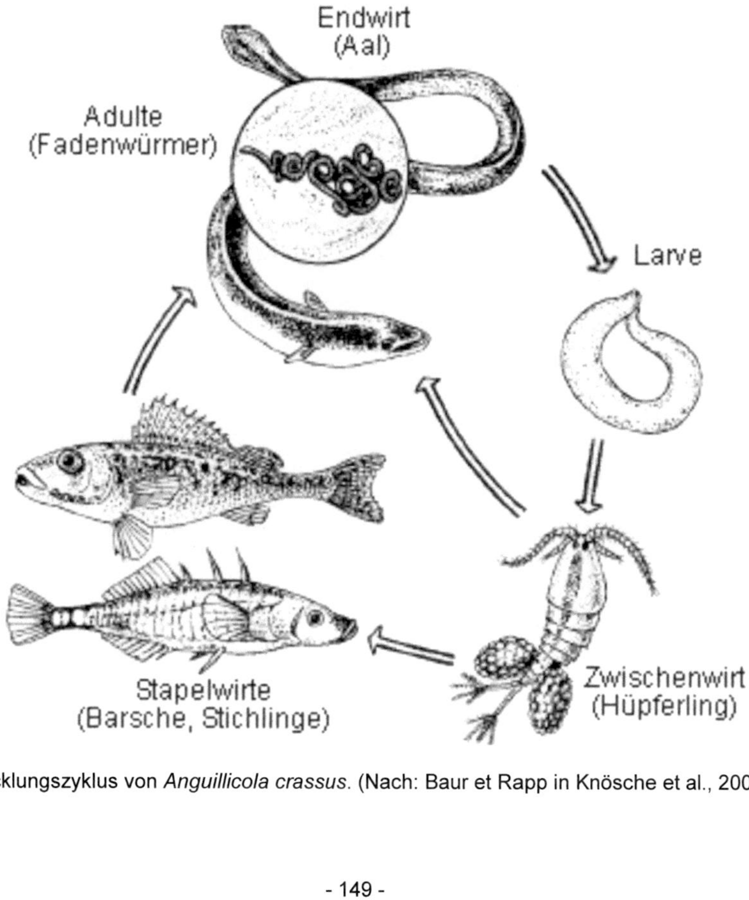

Entwicklungszyklus von *Anguillicola crassus*. (Nach: Baur et Rapp in Knösche et al., 2004)

Wurmerkrankungen (Helminthosen):
Der Schwimmblasenwurm (*Anguillicola crassus*) wurde mit Aalimporten aus Asien in den 1980er Jahren nach Europa, in den 1990er Jahren nach Amerika und in den 2000er Jahren nach Afrika eingeschleppt. Dieser etwa 2-4 cm lang werdende, spindelförmige Fadenwurm entwickelt sich über mehrere Larvenstadien. Die ausgewachsenen, getrenntgeschlechtlichen Parasiten paaren sich in der Schwimmblase. Das Weibchen gibt dann bis zu 10.000 Eier ab und verendet danach. Die Häutung zum Larvenstadium erfolgt noch im Ei. Über den Schwimmblasengang gelangen die Larven des Parasiten in den Darm des Aals (*A. anguilla, A. japonica, A. rostrata*) und so mit dem Kot ins Wasser. Nach dem Schlüpfen leben die Larven im Wasser und werden von Copepoden als Zwischenwirte gefressen. Die infizierten Hüpferlinge werden von verschiedenen Fischen (Barsche, Stichlinge, Stinte) als Stapelwirte, in denen der Parasit ein Wartestadium einlegt, oder direkt vom Aal aufgenommen. Im Aal bohrt sich die Larve durch die Darmwand und gelangt über die Leibeshöhle in die Schwimmblasenwand. Innerhalb von 2-4 Monaten werden die dunklen Parasiten dort geschlechtsreif und wandern in die Schwimmblase, wo der Fadenwurm bis zu einem Jahr lebt. Eine Schädigung des Aals erfolgt einerseits durch Blutsaugen und andererseits durch eine Entzündung der Schwimmblase, die dann bis zu 3-4 mm dick bindegewebsartig verschwarten kann. In Europa sind die Aalpopulationen etwa zu 30-90 % infiziert. Glasaale sind dabei in der Regel noch nicht infiziert.

Pilzerkrankungen (Mykosen):
Fischschimmel kann bei Eiern sowie Fischen (Haut, Kiemen, Maul, Flossen) bei allen Arten und Wassertemperaturen auftreten. Die Erreger sind Pilze (*Saprolegnia sp., Achlya sp.*), die Hyphen und ein reich verzweigtes Myzel in einer Breite von bis zu 20 µm besitzen. Bei der Infektion dringen zweigeisselige Schwärmsporen in die bereits verletzte Oberhaut ein, kapseln sich vorübergehend ab und bilden aus diesem Zwischenstadium neue Pilzschläuche, die auch in tiefere Gewebeschichten eindringen können und dadurch starke Schäden verursachen. Im Anfangsstadium scheuern sich die Fische, später treten an den erkrankten Körperstellen sichtbare weißliche, watteartige Pilzrasen auf. Organische Wasserbelastung und Wassertemperaturen von über 10 °C begünstigen die Entwicklung von Saprolegnia, saures und kalkarmes Wasser dagegen hemmt. Eine Prophylaxe ist mit 36 %igem Formalin (200-300 ppm) für 15-30 Minuten möglich.

Bakterienerkrankungen (Bakteriosen):
Als Erreger der Rotseuche wurde bei Aalen weltweit ein gramnegatives, bewegliches, stäbchenförmiges 0,4-0,6 x 1,0-2,0 µm großes Bakterium (*Vibrio anguillarum*) isoliert. Bis jetzt sind mehrere Stämme aus dem Süß-, Brack- und Meerwasser identifiziert worden. Bei infizierten Aalen ist die Mortalität sehr hoch. Auffallende Symptome sind flächige Hautnekrosen, teils mit weißem oder rotem Rand, besonders in der Kopfregion, die in ihrem Zentrum die freiliegende, entzündete und gerötete Muskulatur erkennen lassen. Daneben ist die flecken- oder punktartige Rotfärbung der Haut zu beobachten. Auch in der Herzmuskulatur findet man oft Hämorrhagien. Allerdings können auch andere Fischarten (wie Forellen und Hechte) betroffen sein. Ja selbst beim Menschen können einige diese Bakterienstämme zu tödlicher Septikämie führen. Zur Therapie eignet sich Sulfamethazin oder Terramycin (ca. 0,1 g/kg Fisch und Tag für 10 Tage lang). Als Schutz gegen die Infektion gibt es seit den 1990er Jahren auch eine Vakazine.

Viruserkrankungen (Virosen):
In Japan wurde bei importierten Aalen (*A. rostrata*) aus Kuba und (*A. anguilla*) aus Frankreich in den 1970er Jahren ein *Rhabdovirus* isoliert, das auch in Italien und Marokko, sowie beim Neuseeländischen Langflossenaal (*A. dieffenbachii*) in Neuseeland festgestellt wurde. Die erkrankten Jungaale wiesen Hämorrhagien und Nekrosen in der Muskulatur auf. Die Verluste betrugen etwa 60 %.
In Japan wurde bei Japanischen Aalen (*A. japonica*) und importierten Europäischen Aalen (*A. anguilla*) ein 68-77 nm großes, hitzestabiles *Reovirus* isoliert. Die erkrankten Jungaale wiesen histopatologisch Degenerationen und Nekrosen in Nieren-, Leber- und Milzzellen auf.
In Europa (Einzugsgebiet von Nord- und Ostsee) wurde bei Europäischen Aalen (*A. anguilla*) seit den 1910er Jahren ein *Papovavirus* isoliert. Die erkrankten Aale weisen erst weiße später rotbraune blumenkohlartige Geschwüre im Maulbereich auf, weshalb das Stomatopapillom früher als „Blumenkohlkrankheit“ bezeichnet wurde.
In Japan wurde bei Japanischen Aalen (*A. japonica*) in den 1980er Jahren ein *Herpesvirus* isoliert, das auch nach Europa eingeschleppt und bei Europäischen Aalen (*A. anguilla*) diagnostiziert wurde. Die erkrankten Aale weisen kleine, blutende Bläschen auf der Haut, vorwiegend im Brust- oder Bauchbereich und an den Flossensäumen auf, die in der Folge aufplatzen und abheilen. Auch die Kiemen sind meist blass oder blutig und die Leber oft gefleckt. Erkrankungen und Verluste bis 60 % treten vor allem bei Stressfaktoren (>20 °C) auf.

Adressen

Deutschland:

Fischgesundheitsdienst Bayern, Senator-Gerauerstraße 23, 85586 Poing/Grub
Fischgesundheitsdienst Aulendorf, Löwenbreitestraße 20, 88326 Aulendorf
Fischgesundheitsdienst Stuttgart, Atzenbergstraße 16, 70174 Stuttgart
Fischgesundheitsdienst Freiburg, Am Moosweiher 2, 79108 Freiburg
Fischgesundheitsdienst Heidelberg, Czernyring 22, 69115 Heidelberg
Fischgesundheitsdienst Hessen, Marburgerstraße 54, 35396 Gießen
Fischgesundheitsdienst Nordrhein-Westfalen, Heinsbergerstraße 51, 57399 Kirchhundem
Fischgesundheitsdienst Rheinland-Pfalz, Blücherstraße 34, 56073 Koblenz
Fischgesundheitsdienst Niedersachsen, Eintrachtweg 17, 30173 Hannover
Fischgesundheitsdienst Schleswig-Holstein, Gutenbergstraße 75-77, 24116 Kiel
Fischgesundheitsdienst Sachsen-Anhalt, Haferbreiterweg 132-135, 39576 Stendal
Fischgesundheitsdienst Potsdam, Pappelallee 2, 14469 Potsdam
Fischgesundheitsdienst Sachsen, Berlinerstraße 34, 04105 Leipzig
Fischgesundheitsdienst Cottbus, Schlachthofstraße 18, 03044 Cottbus
Veterinärinstitut Jena, Naumburgerstraße. 96, 07743 Jena
Veterinärinstitut Bad Langensalza, Tennstedterstraße, 99947 Bad Langensalza
Fischdiagnostik Mecklenburg-Vorpommern, Eldenburg 71, 17192 Waren/Müritz
Bayer. Landesanstalt für Fischerei, Weilheimerstraße 8a, 82319 Starnberg
Bayer. Landesanstalt für Wasserforschung, Kaulbachstraße 37, 80539 München
Institut für Binnenfischerei, Müggelseedamm 310, 12587 Berlin
Institut für Meereskunde, Düsternbrooker Weg 20, 24105 Kiel
Bundesforschungsanstalt für Fischerei, Palmaille 9, 22767 Hamburg
Fischereiamt Bremen, Fischkai 31, 27572 Bremerhaven

Österreich:

Bundesamt für Wasserwirtschaft, Scharfling 18, 5310 Mondsee
Institut für Fischkunde, Veterinärplatz 1, 1210 Wien
Institut für Hydrobiologie, Max-Emanuel-Straße 17, 1180 Wien
Institut für Limnologie, Mondseestraße 5, 5310 Mondsee
Institut für Seenforschung, Kirchengasse 43, 9020 Klagenfurt
Institut für Wassergüte, Marxergasse 2, 1030 Wien
Landesfischereizentrum Vorarlberg, Auhafendamm 1, 6971 Hard

Schweiz:

Zentrum für Fisch- und Wildtiermedizin, Lengass-Straße 122, 3001 Bern
Bundesamt für Umwelt, Worblentalstraße 68, 3003 Bern
Bundesamt für Landwirtschaft, Mattenhofstraße 5, 3003 Bern

Niederlande:

Zentraler Fischgesundheitsdienst, Houtribweg 39, 8221 Lelystad
Institut für Fischreiforschung, Haringkade 1, 1970 Ijmuiden
Organisation zur Verbesserung der Binnenfischerei, Buxtehudelaan 1, 3420 Nieuwegein

Autor:

Fischzuchtmeister Martin Hochleithner, Unterbrunnweg 3, A-6370 Kitzbühel, Österreich
Tel: 05356/71399, Fax: 05356/64870, Mobil: 0664/1048297

Synonyme

Anguilla blephura Rafinesque, 1817
Anguilla chrisypa Rafinesque, 1817
Anguilla laticanda Rafinesque, 1818
Anguilla laticauda Rafinesque, 1818
Anguilla aterrima Rafinesque, 1820
Anguilla lutea Rafinesque, 1820
Anguilla xanthomelas Rafinesque, 1820
Anguilla tenuirostris DeKay, 1842
Anguilla vulgaris Perley, 1852
Anguilla cubana Kaup, 1856
Anguilla macrops Kaup, 1856
Anguilla novaeorleanensis Kaup, 1856
Anguilla novaeterrae Kaup, 1856
Anguilla punctatissima Kaup, 1856
Anguilla texana Kaup, 1856
Anguilla wabashensis Kaup, 1856
Anguilla tyrannus Girard, 1858
Anguilla bostoniensis Günther, 1870
Anguilla vulgaris rostrata Meek, 1883
Anguilla muraena Montpetit, 1897
Leptocephalus grassii Eigenmann et Kennedy, 1902

Literatur

Referenzen:

Adam B., Bruijs M., Dumont U., Winter E., 2004: Anthropogene Einflüsse auf die Aalabwanderung in der Maas – Ergebnisse eines EG-Forschungsprojekts. Österreichs Fischerei, 57 (11/12): 269-277.

Adam B., Schwevers U., Boubée J., Legault A., 2007: Die Renaissance der Aalleiter. Fischer & Teichwirt, 58 (8): 283-286.

Agassiz L., 1843: Reserches sur les Poissons Fossiles. Atlas, Tome V. Neuchatel.

Aida K., Tsukamoto K., Yamauchi K. (Eds.), 2003: Eel Biology. Springer, Tokyo. 497 pp.

Angelidis P., Pournara I., Photis G., 2005: Glass eels (*Anguilla anguilla*) growth in a recirculating system. Mediterranean Marine Science, 6 (1): 99-106.

Anwand K., 1980: Beiträge zur Aalwirtschaft in natürlichen Binnengewässern der DDR. Zeitschrift für die Binnenfischerei der DDR, 27 (6+9): 165-171+280-284.

Anwand K., Valentin M., 1981: Die Zusammensetzung der Aalfänge aus Seen und Fließgewässern nach Kopfformtypen, Geschlechtsreifezuständen sowie Geschlechtern. Zeitschrift für die Binnenfischerei der DDR, 28 (2): 55-60.

Anwand K., Valentin M., 1981: Alter und Wachstum der Aale in natürlichen Binnengewässern. Zeitschrift für die Binnenfischerei der DDR, 28 (5): 139-143.

Aoyama J., 2009: Live History and Evolution of Migration in Catadromous Eels (Genus *Anguilla*). Aqua-BioSci. Monogr., 2 (1): 1-42.

Aoyama J., Hissmann K., Yoshinaga T., Sasai S., Uto T., Ueda H., 1999: Swimming depth of migrating silver eels *Anguilla japonica* released at seamounts of the West Mariana Ridge, their estimated spawning sites. Marine Ecology Progress Series, 186: 265-269.

Aoyama J., Watanabe S., Ishikawa S., Nishida M., Tsukamoto K., 2000: Are morphological characters distinctive enough to discriminate between two species of freshwaer eels, *Anguilla celebesensis* and *A. interioris?* Ichthyol. Res., 47 (2): 157-161.

Arai T. (Ed.) et al., 2016: Biology and Ecology of Anguillid Eels. CRC Press, Boca Raton. 332 pp.

Arai T.,Abdul Kadir S.R., 2017: Opportunistic spawning of tropical anguillid eels *Anguilla bicolor bicolor* and *A. bengalensis bengalensis*. Scientific Reports, **7**: 1-17.

Arai T., Limbong D., Otake T., Tsukamoto K., 1999: Metamorphosis and inshore migration of tropical eels *Anguilla spp.* in the Indo-Pacific. Marine Ecology Progress Series, 182: 283-293.

Belanyecz H., Brämick U., 2009: Fisch des Jahres 2009 – Der Aal (*Anguilla anguilla*). VDSF, Offenbach. 64 Seiten.

Berg L.S., 1949: Ryby presnykh vod SSSR i sopredel'nykh stran. Izdatel'stvo Akademii Nauk SSSR, Moskva, Vol. 3. 510 pages.

Bíro P., 1992: Die Geschichte des Aals (*Anguilla anguilla* L.) im Plattensee (Balaton). Österreichs Fischerei, 45 (8/9): 197-207.

Bohl M. (Ed.) et al., 1999: Zucht und Produktion von Süßwasserfischen. VerlagsUnion Agrar, Frankfurt am Main. 720 Seiten.

Brämick U., Fladung E., 2006: Quantifizierung der Auswirkungen des Kormorans auf die Seen- und Flussfischerei Brandenburgs am Beispiel des Aals. Fischer & Teichwirt, 57 (1): 8-11.

Brämick U., Fladung E., Simon J., 2009: Der Europäische Aal – Bestandsentwicklung, Gefährdungsursachen und Maßnahmen zur Bestandsstützung. Fischer & Teichwirt, 60 (1): 7-12.

Brandt A., 1958: Aalfang in Seen. Österreichs Fischerei, 11 (3): 33-40.

Bremer H., Heinrich S., 1989: Nahrungsbiologische und morphometrische Untersuchungen an Aalfängen aus zwei westmecklenburgischen Flachseen. Zeitschrift für die Binnenfischerei der DDR, 36 (5): 124-128.

Burgerhout E., Brittijn S.A., Kurwie T., Decker P., Dirks R.P., Palstra A.P., Spaink H.P., Van den Thillart G., 2011: First artificial hybrid of the eel species *Anguilla australis* and *Anguilla anguilla*. BMC Developmental Biology, 11: 1-9.

Carpenter K.E., Niem V.H. (Eds.) et al., 1999: FAO species identification guide for fishery purposes. The living marine resources of the Western Central Pacific. Volume 3. FAO, Rome. pp. 1397-2068.

Chow S., Kurogi H., Mochioka N., Kaji S., Okazaki M., Tsukamoto K., 2009: Discovery of mature freshwater eels in the open ocean. Fish Sci., 75: 257-259.

Chisnall B.L., 2000: The Australian longfinned eel, *Anguilla reinhardtii,* in New Zealand. Conservation Advisory Science Notes, 302: 1-14.

Crook V., 2014: Slipping away: International *Anguilla* eel trade and the role of the Philippines. TRAFFIC & ZSL. 48 pp.

Crook V., Nakamura M., 2013: Glass Eels: Assessing supply chain and market impacts of a CITES listing on *Anguilla* species. TRAFFIC Bulletin, 25 (1): 24-30.

Darwin C., Bronn H.G., Carus J.V., 1867: Über die Entstehung der Arten durch natürliche Zuchtwahl, oder, die Erhaltung der begünstigten Rassen im Kampfe um's Dasein. Schweizerbart'sche Verlagshandlung, Stuttgart. 3. Aufl. 571 Seiten.

Denoncourt C.E., Stauffer J.R., 1993: Feeding Selectivity of the American Eel *Anguilla rostrata* (LeSueur) in the Upper Delaware River. Am. Midl. Nat., 129 (2): 301-308.

Deufel J., Strubbelt T., 1976: Zur Aalwirtschaft im Bodensee. Österreichs Fischerei, 29 (11/12): 189-195.

Fahay M.P., 1978: Biological and Fisheries Data on American eel, *Anguilla rostrata* (LeSueur). Technical Series Report No. 17. 84 pp.

Forrest D.M., 1976: Eel Capture Culture Processing and Marketing. Fishing News Books, Farnham. 205 pages.

Han Y.S., Chang C.W., He J.T., Tzeng W.N., 2001: Validation of the Occurrence of Short-finned Eel *Anguilla bicolor pacifica* in Natural Waters of Taiwan. Acta Zoologica Taiwanica, 12 (1): 9-19.

Han Y.S., Yambot A.V., Zhang H., Hung C.L., 2012: Sympatric Spawning but Allopatric Distribution of *Anguilla japonica* and *Anguilla marmorata*: Temperature- and Oceanic Current-Dependent Sieving. PLoS ONE 7 (6): 1-12.

Harsányi A., 1987: Einsatz des Aalfanggroßgerätes an der niederbayerischen Donau. Österreichs Fischerei, 40 (2/3): 32-45.

Hemsen J., 1958: Über die Biologie des Aales. Österreichs Fischerei, 11 (4): 50-56.

Herzig A., Herzig-Straschil B., 2001: Das Vorkommen des Aales (*Anguilla anguilla*) im Donaueinzugsgebiet – allochthon versus autochthon. Österreichs Fischerei, 54 (10): 230-234.

Hochleithner M., 2014: Karpfenfische – Biologie und Aquakultur. AquaTech Publications, Kitzbühel. 348 Seiten.

Hochleithner M., 2014: Lachsfische – Biologie und Aquakultur. AquaTech Publications, Kitzbühel. 384 Seiten.

Hoestlandt H. (Ed.) et al., 1991: The Freshwater Fishes of Europe. Vol. 2 Clupeidae, Anguillidae. Aula Verlag, Wiesbaden. 448 pages.

Hortle K.G., 1988: First records of fresh water eels from the Fly River system, Papua New Guinea. Fishes of Sahul, 5: 202-204.

Jellyman D.J., 1991: Biology of the Shortfinned Eel *Anguilla obscura* in Lake Te Rotonui, Mitiaro, Cook Islands. Pacific Science, 45 (4): 362-373.

Jellyman D.J., 1996: Diet of longfinned eels, *Anguilla dieffenbachii*, in Lake Rotoiti, Nelson Lakes, New Zealand, New Zealand Journal of Marine and Freshwater Res., 30: 365-369.

Jellyman D., Tsukamoto K., 2005: Swimming depths of offshore migrating longfin eels *Anguilla dieffenbachii*. Marine Ecology Progress Series, 286: 261-267.

Johnson G.D., Ida H., Sakaue J., Sado T., Asahida T., Miya M., 2012: A „living fossil“ eel (Anguilliformes: Protoanguillidae, fam. nov.) from an undersea cave in Palau. Proceedings of the Royal Society B., 279: 934-943.

Knösche R., 2002: Ursachen des Aalrückganges und Möglichkeiten zur Förderung der Aalbestände in Mecklenburg-Vorpommern. Fischerei & Fischmarkt in Mecklenburg-Vorpommern, 2 (3): 23-30.

Knösche R., 2006: Aal-Managementplan – kann uns ein Bestandsmodell dabei helfen? Fischer & Teichwirt, 57(8): 303-306.

Knösche R., 2009: Aalrückgang – Schlüsselfaktor Fettgehalt? Fischer & Teichwirt, 60 (8): 284-287.

Knösche R, Schreckenbach K., Simon J., Eichhorn T., Pietrock M., Thürmer C., 2004: Aalwirtschaft in Brandenburg. Schriften des Instituts für Binnenfischerei e. V., Potsdam-Sacrow. Band 15, 76 Seiten.

Kuroki M., Aoyama J., Miller M.J., Arai T., Sugeha H.Y., Minagawa G., Wouthuyzen S., Tsukamoto K., 2005: Correspondence between otolith microstructural changes and ealry life history events in *Anguilla marmorata* leptocephali and glass eels. Coastal Marine Science, 29 (2): 154-161.

Kuroki M., Aoyama J., Miller M.J., Wouthuyzen S., Sumardhiharga K.O., Arai T., Tsukamoto K., 2006: Contrasting patterns of growth and migration of tropical anguillid leptocephali in the western Pacific and Indonesian Seas. Marine Ecology Progress Series, 309: 233-246.

Kuroki M., Aoyama J., Wouthuyzen S., Sumardhiharga K.O., Miller M.J., Minagawa G., Tsukamoto K., 2006: Age and growth of *Anguilla interioris* leptocephali collected in Indonesian waters. Coastal Marine Science, 30 (2): 464-468.

Lecomte-Finiger R., Lo-Yat A., Yan L., 2000: First Record of *Anguilla* Glass Eels from an Atoll of French Polynesia: Rangiroa, Tuamotu Archipelago. Atoll Research Bull., 486: 1-6.

Lehmann J., Stürenberg F.J., Mock D., Feldhaus A., 2005: Untersuchungen auf virale Infektionen bei Aalen in Nordrhein-Westfalen. Fischer & Teichwirt, 56 (6): 205-206.

MacNamara R., McCarthy T.K., Wickström H., Clevestam P.D., 2016: Fecundity of silver-phase eels (*Anguilla anguilla*) from different habitat types and geographic locations. ICES Journal of Marine Science, 73 (1), 135-141.

Marquet G., Galzin R., 1991: The eels of French Polynesia: Taxonomy, distribution and biomass. La mer, 29: 8-17.

Matsui I., 1984: Theory and Practice of Eel Culture. A. Balkema, Rotterdam. 133 pages.

Müller H., 1975: Die Aale. Lebenszyklus und wirtschaftliche Bedeutung der Wanderfische zwischen Meer und Süßwasser. A. Ziemsen Verlag, Wittenberg Lutherstadt. 200 Seiten.

Müller T., Urbányi B., Váradi B, Binder T., Horn P., Bercsényi M., Horváth À., 2004: Cryopreservation of Sperm of Farmed European Eel *Anguilla anguilla*. World Aquaculture, 35 (2): 240-246.

Müller T., Váradi B., Horn P., Bercsényi M., 2003: Effects of various hormones on the sexual maturity of European Eel (*Anguilla anguilla* L.) females from farm and lakes. Acta Biologica Hungarica, 54 (3-4): 313-322.

Nikol'skii G.V., 1961: Special Ichthyology. Israel Program for Scientific Translation, Jerusalem. 538 pages.

Okamura A., Oka H.P., Horie N., Utoh T., Yamada Y., Mikawa N., Tanaka S., Tsukamoto K., 2009: Assessing sexual maturity of feminized Japanese eel *Anguilla japonica* by measuring eye size. Aquaculture International, 17: 91-99.

Radke R., Schulze T., 2004: Spitz- oder Breitkopf – ist das hier die Frage? Fischer & Teichwirt, 55 (6): 705-708.

Reichenbach-Klinke H.H. (Ed.) et al., 1980: Krankheiten und Schädigungen der Fische. Gustav Fischer Verlag, Stuttgart. 472 Seiten.

Reimer L.W., 2003: Parasitenbefall bei Satzaalen. Fischer & Teichwirt, 54 (2): 48-49.

Richter U., 2002: Umstrittene Fangmethoden in den Küstengewässern Mecklenburg-Vorpommerns – die Fischerei mit Aalgrundschleppnetzen. Fischerei & Fischmarkt in Mecklenburg-Vorpommern, 2 (3): 31-39.

Robinet T., Feunteun E., 2002: First Observation of Shortfinned *Anguilla bicolor bicolor* and Longfinned *Anguilla marmorata* Silver Eels in the Reunion Island. Bull. Fr. Pêche Piscic., 364: 87-95.

Robinet T., Feunteun E., Keith P., Marquet G., Olivier J.M., 2007: Eel community structure, fluvial recruitment of *Anguilla marmorata* and indication for a weak local production of spawners from rivers of Réunion and Mauritius islands. Environmental Biology of Fishes, 78 (2): 93-105.

Robinet T., Lecomte-Finiger R., Escoubeyrou K., Feunteun E., 2003: Tropical eels *Anguilla* spp. recruiting to Réunion Island in the Indian Ocean: taxonomy, patterns of recruitment and early life histories. Marine Ecology Progress Series, 259: 263-272.

Rupasinghe H., Attygalle M.V.E., 2006: Food and feeding of brown-stage eels of *Anguilla bicolor* in the Bolgoda Estuary. Vidyodaya J. of Sci., 13: 1-8.

Schabetsberger R. et al., 2015: Genetic and migratory evidence for sympatric spawning of tropical Pacific eels from Vanuatu. Marine Ecology Progress Series, 521: 171-187.

Schäperclaus W., Lukowicz M.v. (Ed.) et al., 1997: Lehrbuch der Teichwirtschaft. Parey Verlag, Berlin. 590 Seiten.

Scheinert P., Baath C., 2004: Das Aal-Herpesvirus – Eine neue Bedrohung der Aalbestände? Fischer & Teichwirt, 55 (6): 692-693.

Schoth M., 1984: Der Stand der Aalforschung. Österreichs Fischerei, 37 (2/3): 57-63.

Scott W.B., Crossmann E.J., 1973: Freshwater Fishes of Canada. Fisheries Research Board of Canada, Ottawa. Bulletin 184, 966 pages.

Shatz, Y., 2000: Fishstat Plus 2.30. Food and Agriculture Organisation, Roma.

Silberschneider V., 2005: Recruitment and age dynamicy of *Anguilla australis* and *A. reinhardtii* glass eels in the estuaries of New South Wales. Ph. D. Thesis, University of Technology, Sydney. 193 pages.

Silfvergrip A.M.C., 2009: CITES Identification Guide to the Freshwater eels (Anguillidae) with Focus on the European eel *Anguilla anguilla*. Swedish Environmental Protection Agency, Stockholm. Report 5943, 132 pages.

Simon J., 2007: Alter und Wachstum von Aalen (*Anguilla anguilla*) aus Brandenburger und Berliner Gewässern im Einzugsgebiet der Havel. Fischer & Teichwirt, 58 (12): 465-468.

Steffens W. (Ed.) et al., 1981: Moderne Fischwirtschaft. Verlag Neumann - Neudamm, Melsungen. 375 Seiten.

Striegl S., Simon J., 2007: Aalbestandserhöhung im Einzugsgebiet der Elbe. Sächsische Landesanstalt für Landwirtschaft. Zwischenbericht, 97 Seiten.

Tautenhahn M., 1989: Einfluß unterschiedlicher Wassergehalte in Mischfuttermitteln auf die Ergebnisse intensiver Aalaufzucht (*Anguilla anguilla* L.). Zeitschrift für die Binnenfischerei der DDR, 36 (7): 173-183.

Teng H.Y., Lin Y.S., Tzeng C.S., 2009: A New *Anguilla* Species and a Reanalysis of the Phylogeny of Freshwater Eels. Zoological Studies, 48 (6): 808-822.

Tesch F.W., 1986: Der Aal als Konkurrent von anderen Fischarten und von Krebsen. Österreichs Fischerei, 39 (1): 5-20.

Tesch F.W. (Ed.) et al., 1999: Der Aal. Blackwell Wissenschaftsverlag, Berlin. 397 Seiten.

Tsukamoto K., Kuroki M., (Eds.) et al., 2014: Eels and Humans. Springer, Tokyo. 177 pp.

Usui A., 1974: Eel Culture. Fishing News Books, West Byfleet. 189 pp.

Watanabe S., Aoyama J., Nishida M., Tsukamoto K., 2005: Evaluation of the population structure of *Anguilla bicolor bicolor* using total number of vertebrae and the mtDNA control region. Coastal Marine Science, 29 (2): 165-169.

Watanabe S., Aoyama J., Nishida M., Tsukamoto K., 2005: A molecular genetic evaluation of the taxonomy of eels of the genus *Anguilla* (Pisces: Anguilliformes). Bulletin of Marine Science, 76 (3): 675-690.

Watanabe S., Aoyama J., Tsukamoto K., 2004: Reexamination of Ege's (1939) use of taxonomic characters of the genus *Anguilla*. Bulletin of Marine Science, 74 (2): 337-351.

Watanabe S., Aoyama J., Tsukamoto K., 2008: The use of morpholocical and molecular genetic vatiations to evaluate subspecies issues in the genus *Anguilla*. Coastal Marine Science, 32 (1): 19-29.

Watanabe S., Aoyama J., Tsukamoto K., 2009: A new species of freshwater eel *Anguilla luzonensis* (Teleostei: Anguillidae) from Luzon Island of the Philippines. Fish Sci., 75: 387-392.

Williamson G.R., Boëtius J., 1993: The Eels *Anguilla marmorata* and *A. japonica* in the Pearl River, China, and Hong Kong. Asian Fisheries Science, 6: 129-138.

Fachbücher:

248 Seiten, ISBN 3-902855-06-0

168 Seiten, ISBN 3-902855-19-0

188 Seiten, ISBN 3-902855-20-6

176 Seiten, ISBN 3-902855-27-5

Im Buchhandel oder bei: ***AquaTech*** *Publications*

www.aqua-tech.eu

Die Jungfischaufzucht mit Zooplankton - Entwicklungen und Erkenntnisse

Volker Steiner und Martin Hochleithner. 140 Seiten. ISBN: 978-3-902855-22-0

Die Jungfischaufzucht mit Zooplankton stellt einen innovativen Beitrag für die Weiterentwicklung der Aquakultur dar. Dieses Buch beschäftigt sich vor allem mit der Gewinnung und Verwendung von Krebsplankton aus natürlichen Gewässern für die kommerzielle Aufzucht von empfindlichen Süßwasser- und Meeresfischarten. Präsentiert werden die Ergebnisse und Erfahrungen aus mehr als 30 Jahren an Forschung und Entwicklung in diesem speziellen Bereich der Aquakultur. Die Entwicklungen reichen von Planktonfutterautomaten über Unterwassernetzgehege und Lichtfallen bis zu Planktonsieb- und -probenetzen. Die Erkenntnisse werden an einigen Fischarten, welche von Aalrutten und Äschen über Seeforellen und Seesaiblinge bis Wolfsbarsche und Zackenbarsche reichen, beispielhaft vorgestellt. Diese Publikation richtet sich vor allem an Fischbiologen, Fischzüchter und Gewässerbewirtschafter, und an alle, die sich für die Aufzucht von Fischlarven interessieren.

Die Fischproduktion in Kreislaufanlagen - Erfahrungen und Empfehlungen

Peter Steinbach. 408 Seiten. ISBN: 978-3-902855-29-9

Die Fischproduktion in Kreislaufanlagen stellt einen interessanten Beitrag für die Weiterentwicklung der Aquakultur dar. Dieses Buch beschäftigt sich vor allem mit der Theorie und Praxis von Kreislaufanlagen, für die kommerzielle Haltung und Produktion von verschiedenen Süßwasser- und Meeresfischen. Präsentiert werden auch die Erfahrungen und Empfehlungen des Autors, der sich seit mehr als 40 Jahren mit diesem modernen Bereich der Aquakultur beschäftigt. Die ausführlich behandelten Kapitel reichen unter anderem von Wasserchemismus, Fischanatomie und Fischkrankheiten über Fischfütterung, Nährstoffverdauung und Fischhaltungsbecken bis Anlagenauslastung, Wasseraufbereitung und Gebäudetechnik. Diese Publikation richtet sich vor allem an Einsteiger und Betreiber von Kreislaufanlagen, aber auch an traditionelle Teichwirte und innovative Aquarianer, und an alle die sich generell für die Produktion von Speisefischen interessieren.

Das Fischbuch des Bodensees - Faksimile und Transkription

Gregor Mangolt und Martin Hochleithner. 160 Seiten. ISBN: 978-3-902855-21-3

Das Fischbuch „Von der Natur und Eigenschaft der Fische“ des Bodensees, aus dem Jahre 1557, geschrieben von Gregor Mangolt, ist das älteste bekannte Buch über die Fische des Bodensees. Es ist selbst nach dieser langen Zeit noch von Interesse. Dieses Fischbuch überliefert im ersten Teil in einzigartiger Weise die Fischnamen, die am Bodensee in Gebrauch waren und dokumentiert das damalige fischbiologische Wissen, illustriert mit zahlreichen naturgetreuen Holzschnittabbildungen. Der zweite Teil mit 30 Fangrezepten belegt einen weiteren fischereikundlichen Sachtext mit Fangtechniken aus der damaligen Zeit. Diese Wiedergabe des Fischbuches vom Bodensee, herausgegeben von Fischereimeister Martin Hochleithner, beinhaltet sowohl die Faksimile als auch die Transkription des Originals. Das historisch bedeutende Buch ist nicht nur für Angler und Fischer interessant sondern auch für Biologen und Historiker.

Das Fischereibuch Maximilians I. - Faksimile und Transkription

Martin Hochleithner und Wolfgang Hohenleiter. 200 Seiten. ISBN: 978-3-902855-14-5

Das Fischereibuch Maximilians I. von Habsburg aus dem Jahre 1504, geschrieben vom Jagdschreiber Wolfgang Hohenleiter, ist eines der ältesten erhaltenen gebliebenen Bücher über die Bewirtschaftung von Fischgewässern in Tirol und Umgebung. Es ist selbst nach mehr als einem Halben Jahrtausend immer noch von Bedeutung und Interesse. Kaiser Maximilian I. war nicht nur ein großer Ritter und Herrscher, sondern auch ein begeisterter Jäger und Fischer. Unter ihm kam es zu intensiven Bemühungen um Besatz, Hege, und Nutzung der Fischbestände. Die vorliegende Wiedergabe des Fischereibuches, herausgegeben von Fischereimeister Martin Hochleithner, beinhaltet sowohl die Faksimile als auch die Transkription des Originals, das sich heute in der Österreichischen Nationalbibliothek in Wien befindet. Das historisch wertvolle Buch ist nicht nur für Angler und Fischer interessant sondern auch für Bewirtschafter und Kunstliebhaber.

ENGEL NETZE
Beste Qualität seit 1951
Kontakt:
ENGEL-NETZE® GmbH & Co. KG
Carsten-Börger-Str. 5
27572 Bremerhaven
Deutschland
Tel.: +49 (0) 471 9730440
Fax: +49 (0) 471 9730460
Mail: verkauf@engelnetze.com
www.engelnetze.com
Ein richtig guter Fang!
Doppelreusen | Flügelreusen | Großreusen | Aalkörbe
ENGEL-NETZE® bietet Ihnen mit jahrzehntelanger Erfahrung das vielfältigste Sortiment Europas an Fischereiausrüstung.
Unser komplettes Sortiment finden Sie auf
www.engelnetze.com
Ihr Partner für Fischerei, Industrie und Freizeit
Individuelle Lösungen rund um Netze, Tauwerk und Drahtseile
www.engelnetze.com